高等学校"十二五"规划教材

化学基础实验

董　岩　主　编

化学工业出版社

·北京·

内 容 提 要

本书共分为四个部分，即化学实验基础知识与基本操作、无机化学实验、分析化学实验、有机化学实验，共 39 个实验项目，附录列有必要的数据和资料以供查阅、参考。为了方便授课，本书在内容安排上，充分考虑了各模块的相对独立性；在实验项目的选择上，以基础验证性实验为主，以培养学生的基本实验技能。

本书可作为高等学校生物、食品、农学、医学、药学和纺织等专业及相近专业的基础化学实验教材，对相关行业从事化学实验工作的技术人员也有一定参考意义。

图书在版编目（CIP）数据

化学基础实验/董岩主编. —北京：化学工业出版社，
2014.9（2022.8重印）
高等学校"十二五"规划教材
ISBN 978-7-122-21173-6

Ⅰ.①化… Ⅱ.①董… Ⅲ.①化学实验-高等学校-教材
Ⅳ.①O6-3

中国版本图书馆 CIP 数据核字（2014）第 145472 号

责任编辑：宋林青　王　岩　　　　　　文字编辑：刘砚哲
责任校对：宋　夏　　　　　　　　　　装帧设计：史利平

出版发行：化学工业出版社（北京市东城区青年湖南街 13 号　邮政编码 100011）
印　　装：北京建宏印刷有限公司
787mm×1092mm　1/16　印张 10¼　字数 249 千字　2022 年 8 月北京第 1 版第 4 次印刷

购书咨询：010-64518888　　　　　　　售后服务：010-64518899
网　　址：http://www.cip.com.cn
凡购买本书，如有缺损质量问题，本社销售中心负责调换。

定　　价：22.00 元

《化学基础实验》编写人员

主　编：董　岩

副主编：符爱云　　华晓莹　　李洪亮　　孔春燕

编写人员：

董　岩　　符爱云　　华晓莹　　李洪亮

孔春燕　　宋新峰　　张　红　　孙建之

王新芳　　刘雷芳　　周连文　　刘明成

张存兰

前　言

　　化学基础实验是生物、农学、医学等专业的基础课程，根据化学基础实验的教学目标和人才培养要求，结合多年来的实验教学研究和科学研究成果，我们编写了本书。本教材由原来的无机化学实验、分析化学实验和有机化学实验整合而成，通过本实验课程的学习，不仅加强了学生的"三基"能力训练和培养，而且增强了基本知识运用能力和基本研发能力的培养；加深了对所学无机化学、有机化学、分析化学等课程及相关课程的理论知识的综合理解与应用；同时为后续课程的学习奠定了坚实的基础。

　　本书内容根据应用型人才培养的要求，以让学生掌握基本操作技能为目的。通过本书的学习，学生可以在理解实验基本原理的基础上，掌握化学实验的基本操作方法和常规的实验技术。笔者力图做到将各相关课程实验交叉、融合，避免重复，同时为了方便授课，充分考虑了各模块的相对独立性。在实验项目的选择上，以基础的验证性实验为主，以培养学生的基本实验技能。

　　本书由德州学院化学化工学院、生命科学学院、医药与护理学院、生态与园林建筑学院四个教学单位十余位一线教师根据多年教学改革经验合作编写，全书由董岩教授负责组织、修改和统稿。本书可作为高等学校生物、食品、农学、医学、药学和纺织等专业及其相近专业的基础化学实验教材，对于相关行业从事化学实验工作的技术人员也有一定参考意义。

　　编者根据实验教学的实际经验，参阅国内外相关的教材、专著、文献资料及网络资料编写了此教材，在此对相关兄弟院校的同行、专家表示诚挚的谢意。

　　本书在编写过程中，得到了山东省精品课程、德州学院教材建设基金项目的资助，并得到了化学工业出版社的支持与帮助，在此深表衷心的感谢。

　　由于我们的水平有限，加之时间仓促，本书难免有不妥或疏漏之处，恳请读者提出宝贵意见。

编者

2014 年 6 月于德州学院（山东德州）

目 录

第 1 部分　化学实验基础知识与基本操作

第 2 部分　无机化学实验

第3部分　分析化学实验

第4部分　有机化学实验

附　　录

第1部分　化学实验基础知识与基本操作

1　化学实验基础知识

1.1　化学实验目的

化学是一门实验科学。许多化学的理论和规律都来自实验，同时，这些理论和规律的应用与评价也要依据实验的探索和检验。化学基础实验课程是化学、生物、医药和农学等相关专业的基础实验课。通过该课程的学习，使学生加深对化学课程中基本原理的理解，较系统地掌握基础化学实验的原理及方法；较全面地进行实验基本操作训练，并学会正确使用实验中的常用仪器。培养学生观察实验现象、分析推理判断、处理数据和撰写实验报告及科技论文的能力，查阅文献、使用手册和工具书的能力，综合运用所学知识的能力。

1.2　化学实验规则

① 课前应认真预习，明确实验目的和要求，了解实验的内容、方法和基本原理。

② 进入实验室的每位同学都必须穿工作服，必要时佩戴防护眼镜、手套和口罩。杜绝穿拖鞋、背心。

③ 实验时应遵守操作规则，注意安全，爱护仪器，节约药品和水、电、煤气。

④ 遵守纪律，不迟到，不早退，保持实验室内安静。

⑤ 实验中要认真操作，仔细观察各种现象，将实验中的现象和数据如实记在报告本上。根据原始记录，认真地分析问题，处理数据，写出实验报告。

⑥ 实验过程中，随时注意保持工作环境的整洁，火柴、纸张和废品等必须丢入废物缸内。

⑦ 实验完毕后，将玻璃仪器洗净，公用仪器放回原处，把实验台和药品架整理干净，清扫实验室。最后应检查门、窗、水、电、煤气是否关好。

1.3　化学实验室内的安全操作

为了保证实验的顺利进行，必须熟悉和注意以下安全措施。

① 熟悉实验室及其周围环境和水、电、煤气、灭火器的位置。

② 使用电器时，要谨防触电，不要用湿的手、物去接触电源，实验完毕后及时拔下插头，切断电源。

③ 一切有毒的、恶臭气体的实验，都应在通风橱内进行。

④ 为了防止药品腐蚀皮肤和进入体内，不能用手直接拿取物品，要用药勺或指定的容器取用。取用一些强腐蚀性的药品，如氢氟酸、溴水等，必须戴上橡皮手套。绝不允许用舌头尝药品的味道。实验完毕后须将手洗净。严禁在实验室内饮食和将食品及餐具等带入实验室内。

⑤ 使用易燃物（如酒精、丙酮、乙醚）、易爆物（如氯酸钾）时，要远离火源，用完后应及时将易燃、易爆物加盖存放于阴凉的地方。

⑥ 酸碱是实验室常用试剂，浓酸碱具有强烈腐蚀性，应小心取用，不要把它洒在衣服或皮肤上。实验用过的废酸应倒入指定的废酸缸中。

⑦ 禁止使用无标签、性质不明的物质；实验室内所有药品不得携出室外，用剩的有毒药品应还给教师。

⑧ 实验完毕后，值日生和最后离开实验室的人员应负责检查门、窗、水、煤气是否关好，电闸是否拉开。

1.4　实验室意外事故处理

① 割伤（玻璃或铁器刺伤等）　先把异物从伤口处挑出，如轻伤可用生理盐水或硼酸液擦洗伤处，涂上红药水，必要时撒些消炎粉，用绷带包扎。伤势较重时，包扎后立即送医院治疗。

② 烫伤　可用10%的高锰酸钾溶液擦洗灼伤处，轻伤涂以烫伤膏、红花油均可。伤重时涂上烫伤膏包扎后送医院治疗，切勿用冷水冲洗。

③ 受强酸腐蚀　先用大量水冲洗，然后以稀碳酸氢钠溶液洗或稀氨水冲洗，再用水洗。当酸溅入眼睛时，首先用大量水冲洗眼睛，然后用稀的碳酸氢钠溶液冲洗，最后再用清水洗眼。

④ 受强碱腐蚀　立即用大量水冲洗，然后用10%柠檬酸或硼酸溶液冲洗，最后用水洗。当碱液溅入眼睛时，先用水冲洗，再用饱和的硼酸溶液冲洗，最后滴入蓖麻油。

⑤ 磷烧伤　用5%的硫酸铜，10%的硝酸银或高锰酸钾溶液处理后，送医院治疗。

⑥ 吸入溴、氯等有毒气体　可吸入少量酒精和乙醚的混合蒸气以解毒，同时应到室外呼吸新鲜空气。溴灼伤，立即用大量水洗，再用乙酸擦至无溴液存在，然后涂上甘油或烫伤油膏。

⑦ 触电事故　应立即拉开电闸，切断电源，尽快用绝缘物（干燥的木棒、竹竿）将触电者与电源隔离。

⑧ 火灾事故　一旦发生着火，应沉着镇静地及时采取正确措施，控制事故的扩大。一面灭火，一面防止火势蔓延。然后，根据易燃物的性质和火势采取适当的方法进行扑救。一般的小火可用湿布、石棉布或砂子覆盖燃烧物，即可灭火。有机物着火通常不用水进行扑救，因为一般有机物不溶于水且比水轻，火苗可随水四处流动，引起大面积火灾，或遇水可发生更强烈的反应而引起更大的事故。火势较大时，应用灭火器灭火。

常用灭火器有二氧化碳、四氯化碳、干粉及泡沫等灭火器。

目前实验室中常用的是干粉灭火器。使用时，拔出销钉，将出口对准着火点，将上手柄压下，干粉即可喷出。

1.5 实验报告

实验报告是总结实验进行的情况、分析实验中出现的问题和整理归纳实验结果必不可少的基本环节，是把直接和感性认识提高到理性思维阶段的必要一步。通过实验报告也反映出每个学生的实验水平，是实验评分的重要依据。实验者必须严肃、认真、如实的写好实验报告。

实验报告包括七部分内容。

实验目的。

实验原理：主要用反应方程式和公式表示，语言要简明扼要。

实验仪器与药品。

实验步骤：尽量用表格、框图、符号等形式，表达要清晰条理。

实验现象和数据记录：表达实验现象要正确、全面，数据记录要规范、完整，绝不允许主观臆造，弄虚作假。

实验结果：对实验结果的可靠程度与合理性进行评价，并解释所观察到的实验现象；若有数据计算，务必将所依据的公式和主要数据表达清楚。

问题与讨论：针对本实验中遇到的疑难问题，提出自己的见解或体会；也可以对实验方法、检测手段、合成路线、实验内容等提出自己的意见，从而训练创新思维和创新能力。

化学原理测定实验报告示例

实验名称：_____

气压_____室温_____

_____级_____组　　　　姓名_____实验室_____

指导教师_____日期_____

测定原理（简述）：

数据记录和结果处理：

问题和讨论：

附注：

化学合成制备实验报告示例

实验名称：_____

气压_____室温_____

_____级_____组   姓名_____实验室_____

指导教师_____日期_____

实验内容(步骤)	实验现象	解释和反应方程式

讨论：

小结：

附注：

2 常用玻璃仪器的使用

2.1 实验常用玻璃器皿介绍

名称	仪器示意图	规 格	用 途	注意事项
试管		①玻璃质。分硬质和软质 ②普通试管以管口外径（mm）×管长（mm）表示规格 ③离心试管以容积（mL）表示规格	用于少量试剂的反应器，便于操作和观察。也可用于少量气体的收集；离心试管主要用于少量沉淀与溶液的分离	普通试管可直接用火加热，硬质试管可加热到高温，加热时要用试管夹夹持，加热后不能骤冷，反应试液一般不超过试管容积的1/2，加热时要不停地摇荡，试管口不要对着别人和自己，以防发生意外
烧杯		①玻璃质。分硬质和软质 ②普通型和高型，有刻度和无刻度 ③以容量（mL）表示规格	用作反应物较多时的反应容器，可搅拌，也可用作配制溶液时的容器，或简便水浴的盛水器	加热时外壁不能有水，要放在石棉网上，先放溶液后加热，加热后不可放在湿物上
锥形瓶		①玻璃质。分硬质和软质 ②以容量（mL）表示规格	用作反应容器，振荡方便，适用于滴定操作	同烧杯
烧瓶	 平底 圆底	①玻璃质 ②普通型、标准磨口型，有圆底、平底之分 ③以容量（mL）表示规格	反应物较多时，且需较长时间加热时作反应器	加热时应放在石棉网上，加热前外壁应擦干，圆底烧瓶竖放桌上时，应垫一合适的器具，以防滚动、打坏
蒸馏烧瓶		①玻璃质 ②以容量（mL）表示规格	用于液体蒸馏，也可用作少量气体的发生装置	同上
漏斗		①化学实验室使用的一般为玻璃质或塑料质 ②规格以口径大小表示	用于过滤等操作，长颈漏斗特别适用于定量分析中的过滤操作	不能用火加热

续表

名称	仪器示意图	规　格	用　途	注意事项
量筒		①玻璃质 ②规格以刻度所能量度的最大容积（mL）表示	用以量度一定体积的溶液	不能加热，不能量热液体，不能用做反应器
吸量管和移液管		①玻璃质 ②一定温度下的容积（mL）表示规格	用以较准确移取一定体积的溶液	不能加热或移取热溶液 管口无"吹出"者，使用时末端的溶液不允许吹出
滴定管	酸式　碱式	①玻璃质 ②所容的最大容积（mL）表示规格 ③分酸式和碱式，酸式有无色和棕色两种。酸式下端玻璃旋塞控制流出液速度，碱式下端连接一里面装有玻璃球的乳胶管来控制流液量	用以较精确移取一定体积的溶液	不能加热，不能量取较热的液体 使用前应排除其尖端的气泡，并检漏 酸碱式不可互换使用
容量瓶		①玻璃质 ②以刻度以下的容积（mL）表示规格 ③有磨口瓶塞，也有塑料瓶塞	用以配制准确浓度一定体积的溶液	不能加热，不能用毛刷洗刷 瓶的磨口与瓶塞配套使用，不能互换

续表

名称	仪器示意图	规格	用途	注意事项
分液漏斗		①玻璃质 ②规格以容积(mL)大小表示 ③形状分球形、梨形、筒形、锥形	用于互不相溶的液-液分离,也可用做少量气体发生器装置中的加液器	不能用火直接加热,漏斗塞子不能互换,活塞处不能漏液
称量瓶		①玻璃质 ②规格以外径(mm)×高度(mm)表示 ③形状分扁型和高型两种	用于准确称量一定量的固体样品	不能用火直接加热,瓶和塞是配套的,不能互换使用
试剂瓶		①玻璃质 ②带磨口塞。有无色或棕色 ③规格以容积(mL)大小表示	细口瓶用于存放液体药品,广口瓶用于存放固体药品	不能直接加热,瓶塞配套,不能互换,存放碱液时要用橡皮塞,以防打不开
研钵		①用瓷、玻璃、玛瑙或金属制成 ②规格以口径(mm)表示	用于研磨固体物质及固体物质的混合。按固体物质的性质和硬度选用合适的坩埚	不能用火直接加热,研磨时不能捣碎,只能辗压不能研磨易爆炸物质
表面皿		①玻璃质 ②规格以口径(mm)大小表示	盖在烧杯上,防止液体进溅或其他用途	不能用火直接加热
蒸发皿		①瓷质,也有玻璃、石英、金属制成的 ②规格以口径(mm)或容量(mL)表示	蒸发、浓缩用。随液体性质的不同选用不同材质的蒸发皿	瓷质蒸发皿加热前应擦干外壁,加热后不能骤冷,溶液不能超过2/3,可直接用火加热
坩埚		①用瓷、石英、铁、镍、铂及玛瑙等制成 ②规格以容积(mL)表示	用于灼烧固体用,随固体性质的不同选用不同的坩埚	可直接用火加热至高温,加热至灼热的坩埚应放在石棉网上,不能骤冷

续表

名称	仪器示意图	规　格	用　途	注意事项
微孔玻璃漏斗		①漏斗为玻璃质，砂芯滤板为烧结陶瓷 ②其规格以砂芯板孔的平均孔径（μm）和漏斗的容积（mL）表示 又称烧结漏斗、细菌漏斗、微孔漏斗	用于细颗粒沉淀，以至细菌的分离。也可用于气体洗涤和扩散实验	不能用于含 HF、浓碱液和活性炭等物质的分离，不能直接用火加热，用后要及时洗净
抽滤瓶和布氏漏斗		①布氏漏斗为瓷质，规格以容量（mL）和口径大小表示 ②抽滤瓶为玻璃瓶，以容量（mL）表示大小	两者配套，用于沉淀的减压过滤	滤纸要略小于漏斗的内径才能粘紧 要先将滤瓶取出再停泵，以防滤液回流 不能用火直接加热
洗瓶		①塑料质 ②规格以容积（mL）表示	装蒸馏水或去离子水用。用于挤出少量水洗沉淀或仪器用	不能漏气，远离火源
干燥器		①玻璃质 ②规格以外径（mm）大小表示 ③分普通干燥器和真空干燥器	内放干燥剂，可保持样品或产物的干燥	防止盖子滑动打碎 灼热的样品待稍冷后再放入
坩埚钳		①铁质 ②有大小不同规格	夹持热的坩埚、蒸发皿用	防止与酸性溶液接触，以防生锈，使轴不灵活

续表

名　称	仪器示意图	规　格	用　途	注意事项
三角架		①铁质 ②有大小、高低之分	放置较大或较重的加热容器,做石棉网及仪器的支撑物	要放平衡
点滴板		①瓷质。透明玻璃质,分白釉和黑釉两种 ②按凹穴多少分为四穴、六穴和十二穴	用于生成少量沉淀或带色物质反应的实验,根据颜色的不同,选用不同的点滴板	不能加热,不能用于含 HF 和浓碱的反应,用后要洗净
石棉网		①由细铁丝编成,中间涂有石棉 ②规格以铁网边长(cm)表示	放在受热仪器和热源之间,使受热均匀缓和	用前检查石棉是否完好,石棉脱落者不能使用 不能和水接触,不能折叠
泥三角		①用铁丝拧成,套以瓷管 ②有大小之分	加热时,坩埚或蒸发皿放在其上直接用火加热	铁丝断了不能再用。灼烧后的泥三角应放在石棉网上
漏斗架		木质或者塑料质	过滤时,用于放置漏斗	
试管夹		由木料、钢丝或塑料制成	用于夹持试管	防止烧损和腐蚀
铁架台		铁质	固定玻璃仪器用	

续表

名称	仪器示意图	规　格	用　途	注意事项
试管架		①有木质、铝质和塑料质等 ②有大小不同、形状各异的多种规格	盛放试管用	加热后的试管应以试管夹夹好悬放在架上,以防烫坏木质或塑料质的试管架
滴管和滴瓶		①玻璃品质 ②滴管(或吸管)由玻璃尖管和胶头组成	滴管吸取少量溶液用	胶头坏了要及时更换,防止掉地摔坏
毛刷		①用动物毛(或化学纤维)和铁丝制成 ②以大小和用途表示,如试管刷、滴定管刷等	洗刷玻璃仪器用	小心刷子顶端的铁丝撞破玻璃仪器,顶端无毛者不能使用

2.2　国产磨口玻璃仪器介绍

(1) 圆底烧瓶　　(2) 锥形瓶　　(3) 梨形烧瓶　　(4) 二口烧瓶　　(5) 抽滤瓶　　(6) 玻璃钉漏斗

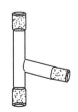 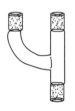  

(7) 蒸馏头　　(8) 克莱森接头　　(9) 真空接受器　　(10) 真空冷凝管
(冷凝指)　　(11) 一通活塞

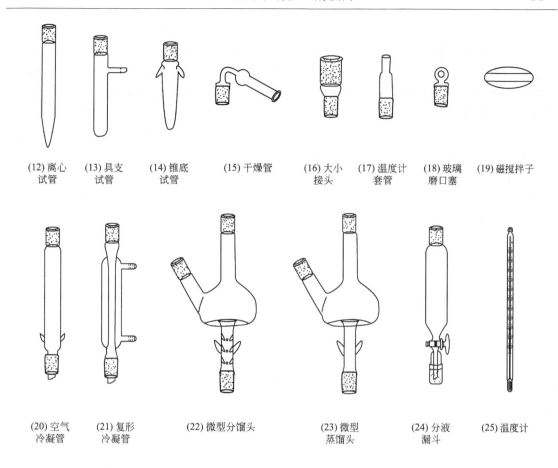

| (12) 离心
试管 | (13) 具支
试管 | (14) 锥底
试管 | (15) 干燥管 | (16) 大小
接头 | (17) 温度计
套管 | (18) 玻璃
磨口塞 | (19) 磁搅拌子 |

| (20) 空气
冷凝管 | (21) 复形
冷凝管 | (22) 微型分馏头 | (23) 微型
蒸馏头 | (24) 分液
漏斗 | (25) 温度计 |

2.3　玻璃仪器的洗涤

　　化学实验中经常使用到各种玻璃仪器，而这些玻璃仪器干净程度，常常会影响到实验结果的准确性。为了得到准确的实验结果，每次实验前和实验后必须要保持实验仪器的洁净，这就需要对玻璃仪器进行洗涤。

　　化学实验中使用的玻璃仪器常粘有化学药品，它们既可能为可溶性物质，也可能为尘土和其他不溶物质，还可能为有机物和油污等。因此，仪器的洗涤应根据实验要求、污物的性质和沾污程度选用合适的洗涤方法。

2.3.1　一般污物的洗涤方法

　　（1）用水刷洗

　　借助于毛刷等工具用水洗涤，可除去附在仪器上的可溶物、尘土和一些脱落下来的不溶物，但不能洗去油污和有机物质。洗涤方法：在要洗的仪器中加入少量的水，用毛刷轻轻刷洗，再用自来水冲洗几次。注意刷洗时不能用力过猛，更不能用秃顶的毛刷，否则会戳破仪器。

　　（2）用去污粉、肥皂粉或洗涤剂洗

　　去污粉是由碳酸钠、白土、细砂等组成，它与肥皂粉、合成洗涤剂一样，能除去油污和一些有机物。洗涤时，先用少量水将要洗的仪器润湿，然后用蘸有去污粉、肥皂粉或洗涤剂的毛刷刷洗仪器的内外壁，最后用自来水冲洗干净，必要时使用去离子水或蒸馏水润冲。

（3）用铬酸洗液洗涤

铬酸洗液是由浓硫酸和重铬酸钾配制而成的，它实际上就是重铬酸钾在浓硫酸中的饱和溶液，具有极强的氧化性和酸性，能彻底除去油污和有机物质等。用铬酸洗涤时，可往仪器内加入少量洗液，使仪器倾斜并慢慢转动，尽量让仪器内壁全部被洗液湿润，再转动仪器，使洗液在内壁流动，经流动几圈后，把洗液倒回原瓶，最后用自来水将仪器壁上的洗液洗去。对沾污严重的仪器可用洗液浸泡一段时间，或用热的洗液洗，效果更佳。

用铬酸洗液洗涤时，应注意以下几点：使用前最好先用水或去污粉将仪器预洗一下；使用洗液前，应尽量把容器内的水去掉，以防把洗液稀释；洗液具有很强的腐蚀性，会灼伤皮肤和损坏衣服，使用时要特别小心，尤其不要溅到眼睛内；使用时最好戴橡皮手套和防护眼罩，万一不小心溅到皮肤和衣服上，要立刻用大量水冲洗；洗液为深棕色，某些还原性污物能使洗液中的 Cr(Ⅵ) 还原为绿色的 Cr(Ⅲ)，所以洗液一旦变成绿色就不能再使用，未变色的洗液应倒回原瓶继续使用；Cr(Ⅵ) 的化合物有毒，清洗残留在仪器上的洗液时，第一、二遍洗涤水不要倒入下水道，以免锈蚀管道和污染环境，应回收处理；用洗液洗涤应遵守少量多次的原则，这样既节约，又可提高洗涤效率。

一些具有精确刻度、形状特殊的仪器不宜用上述方法进行洗涤，如容量瓶、移液管等，若这些仪器的内壁黏附油污等物质，则可视其油污的程度，选择合适的洗涤剂进行清洗。

对于滴定管的洗涤，应先用自来水冲洗，使水流净。酸式滴定管关闭旋塞，碱式滴定管除去乳胶管，并用橡胶乳头将管口堵住。加入约 15mL 铬酸洗液，双手平托滴定管的两端，不断转动滴定管并向管口倾斜，使洗液流遍全管（注意：管口对准洗液瓶，以免洗液外溢！），可反复操作几次。洗完后，碱式滴定管由上口将洗液倒出，酸式滴定管可将洗液分别从两端放出。随后，再依次用自来水和纯水洗净。

对于容量瓶的洗涤，先用自来水冲洗，使水流净后，加入适量的铬酸洗液（15～20mL），盖上瓶塞，转动容量瓶，使洗液流遍瓶内壁，反复几次后，将洗液倒回原瓶，最后依次用自来水和纯水洗净。

对于移液管和吸量管的洗涤，先用自来水冲洗，用吸耳球吹出管中残留的水，然后将移液管或吸量管插入铬酸洗液瓶内，按照移液管的操作，吸入约 1/4 容积的洗液，用右手食指堵住移液管上口，将移液管横置过来，左手托住没沾洗液的下端，然后右手食指松开，转动移液管，使洗液润洗内壁，随后放出洗液于瓶内，最后依次用自来水和纯水洗净。

2.3.2　特殊物质的洗涤方法

某些污物不能用通常的方法洗涤，此时，我们可以通过发生化学反应将黏附在器壁上的物质除去。例如，由铁盐引起的黄色污物可用盐酸或硝酸浸泡片刻便可洗去；接触、盛放高锰酸钾的容器可用草酸溶液清洗（沾在手上的高锰酸钾也可同样清洗）；沾在器壁上的二氧化锰用浓盐酸处理使之溶解；沾有碘时，可用碘化钾溶液浸泡片刻，或加入稀的氢氧化钠溶液温热之，或用硫代硫酸钠溶液除去；银镜反应后黏附的银或有铜附着时，可加入稀硝酸，必要时可稍微加热，促进溶解；由金属硫化物沾污的颜色可用硝酸除去，必要时可加热。以上操作结束后，用自来水清洗玻璃仪器，再用蒸馏水或去离子水淋洗 2～3 次，洗净的玻璃仪器上不能挂有水珠。

凡洗净的仪器，不要用布或软纸擦干，以免使布或纸上的少量纤维留在器壁上反而沾污了仪器。已经干净的仪器应清洁透明，当把仪器倒置时，可观察到器壁上只留下一层均匀的水膜而不挂水珠。

2.4 玻璃仪器的干燥

玻璃仪器的干燥方法主要有以下几种。

① 晾干 不急用的仪器，洗净后倒置于仪器架上，让其自然干燥。不能倒置的仪器将水倒净后，平放，任其干燥。

② 吹干 用压缩空气机或吹风机把洗净的仪器吹干。

③ 烤干 一些仪器可置于石棉网上用小火烤干。试管可直接用火烤，但必须使试管口稍微向下倾斜，以防水珠倒流，引起试管炸裂。

④ 烘干 洗净后的玻璃仪器可放在电烘箱内烘干，温度控制在 $105\sim110℃$。仪器放进烘箱之前，应尽可能把水甩净。放置的仪器应使仪器口向上。木塞和橡皮塞不能与仪器一起干燥。玻璃塞应从仪器上取下，单独干燥，或使用气流干燥器干燥。

⑤ 有机溶剂干燥 带有刻度的计量仪器，既不易晾干或吹干，又不能用加热的方法进行干燥，因此，我们可以选用有机溶剂进行干燥。方法是：向仪器内倒入少量酒精或酒精与丙酮的混合溶液（体积比 1:1），将仪器倾斜，转动，使壁上的水和有机溶剂混溶，随后倒出。少量残留在仪器内的混合溶液，很快挥发而干燥。用压缩空气机或吹风机向仪器内吹风，仪器会干得更快。

3 常用基础化学实验仪器及使用方法

3.1 台秤和电子天平的使用

3.1.1 台秤

台秤又称托盘天平，是化学实验室中常用的称量仪器，用于称量精度要求不高的情况，一般能准确到 0.1g。

台秤的构造如图 1-1。台秤的横梁架在台秤座上。横梁的左右有两个盘子。横梁的中部有指针与刻度盘相对，根据指针在刻度盘左右摆动的情况，可以判断台秤是否处于平衡状态。

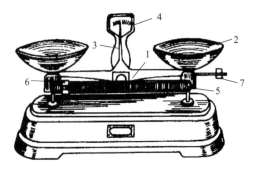

图 1-1 台秤的构造示意图

1—横梁；2—托盘；3—指针；4—刻度盘；
5—游码标尺；6—游码；7—平衡调节螺丝

① 称量前调零点 称量前应先将游码拨至标尺的"0"线，观察指针在刻度盘中心线附近的摆动情况。若等距离摆动，则表示台秤可以使用，否则应调节托盘下面的平衡调节螺丝，直到指针在中心线左右等距离地摆动，或停在中心线上为止。

② 称量 称量时，左盘放称量物，被称量物不能直接放在托盘上，依其性质放在纸上、表面皿或其他容器里。10g（或 5g）以上的砝码放在右盘中，10g（或 5g）以下则用移动标尺上的游码来调节。砝码与游码所示的总质量就是被称量物的质量。

称量时应注意：不能称量热的物质；称量完毕后，台秤与砝码要恢复原状，游码要拨回至"0"线；要保持台秤清洁。

3.1.2 电子天平

电子天平是最新发展的一类天平，它利用电子装置完成电磁力补偿的调节，使物体在重力场中实现力的平衡，或通过电磁力矩的调节，使物体在重力场中实现力矩的平衡。电子天平由于它称量方便、迅速、读数稳定，已经逐渐进入化学实验室为教学和科研所用。

电子天平的最基本功能：自动调零，自动校准，自动扣除空白和自动显示称量结果。

（1）电子天平的构造

以梅特勒 AL204 电子天平为例，电子天平的主要构造如图 1-2 所示。

（2）电子天平的使用方法

① 水平调节 调整水平调节脚，使水平仪内气泡位于水平仪中心（圆环中央）。

② 开机 接通电源，轻按"ON/OFF"键，当显示器显示"0.0000g"时，电子称量系统自检过程结束。天平长时间断电之后再使用时，接通电源后至少需预热 30min。

③ 打开开关 ON，使显示屏亮，并显示称量模式 0.0000g。

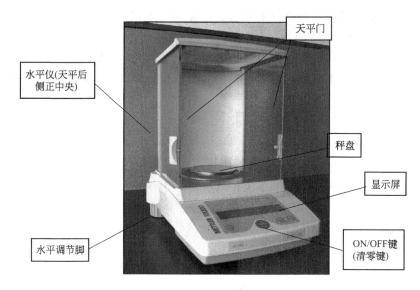

图 1-2 梅特勒 AL204 型电子天平的结构示意图

④ 称量 按 O/T 键，显示为零后。将称量物放入盘中央，并关闭天平侧门，待读数稳定后，该数字即为所称物体的质量。

⑤ 去皮称量 按 O/T 键清零，将空容器放在盘中央，按 TAR 键显示零，即去皮。将称量物放入空容器中，待读数稳定后，此时天平所示读数即为所称物体的质量。

⑥ 关机 称量完毕，按"ON/OFF"键，关闭显示器，此时天平处于待机状态，若当天不再使用，应拔下电源插头。

⑦ 连续称量功能 当称量了第一个样品以后，再轻按控制长键，电子显示屏上又重新返回 0.0000g 显示，表示天平准备称量第二个样品。重复操作④，即可直接读取第二个样品的质量。如此重复，可以连续称量，累加固体的质量。

（3）电子天平的维护

① 天平室应避免阳光照射，保持干燥，防止腐蚀性气体的侵袭。天平应放在牢固的台上避免振动。

② 天平箱内应保持清洁，要放置并定期烘干吸湿用的干燥剂（变色硅胶），以保持干燥。

③ 称量物体不得超过天平的最大载重量。

④ 不得在天平上称量过热、过冷或散发腐蚀性气体的物质。

⑤ 称量时，侧门应轻开轻关。

⑥ 称量的样品，必须放在适当的容器中。不得直接放在天平盘上。

⑦ 称量完毕，检查天平内外清洁，关好天平门，切断电源，罩上天平罩。在天平使用登记本上写清使用情况。

⑧ 称量的数据应及时写在记录本上，不得记在纸片或其他地方。

称量方法有固定质量称量法和差减称量法。固定质量

图 1-3 倾倒样品的
正确操作方法

称量法适用于称量不易吸潮，在空气中能稳定存在的粉末状或小颗粒样品。差减称量法适用于称量易吸水、易氧化或易与 CO_2 反应的物质。

　　注意称量瓶的使用方法。取放称量瓶用叠好的纸条夹持，取称量瓶盖用纸条裹住；向外倾倒试样时，称量瓶口向下倾斜，用盖子轻轻敲击瓶口，使试样轻轻倾出。如图 1-3 所示。

3.2　pH 计（酸度计）的使用

　　pH 计即酸度计，是测定溶液 pH 的常用仪器。它主要是利用一对电极在不同 pH 溶液中，产生不同的直流毫伏电动势，将此电动势输入到电位计，经过电子换算，最后在指示器上指示出测量结果。酸度计种类较多，但是基本原理、操作步骤大致相同。现以 25 型酸度计和 pHS-2C 型酸度计为例，来说明其操作步骤及其注意事项等。

　　（1）工作原理

　　酸度计主要利用一对电极测定不同 pH 溶液时产生不同的电动势。这对电极中的一根称为指示电极（通常使用玻璃电极），其电极电位随着被测溶液的 pH 而变化；另一根称为参比电极，其电极电位与被测溶液的 pH 无关，通常使用甘汞电极。两电极分别如图 1-4、图1-5 所示。

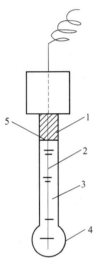

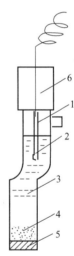

图 1-4　玻璃电极

1—玻璃管；2—铂丝；3—缓冲溶液；

4—玻璃膜；5—Ag+AgCl

图 1-5　甘汞电极

1—Hg；2—Hg+Hg_2Cl_2；3—KCl 饱和溶液；

4—KCl 晶体；5—素瓷塞；6—导线

　　① 玻璃电极　玻璃电极是一种特殊的导电玻璃（含 $72\%SiO_2$，$22\%Na_2O$，$6\%CaO$）吹制成的空心小球，球中有 $0.1mol\cdot L^{-1}$ 的 HCl 溶液和 Ag-AgCl 电极，把它插入待测溶液中，便组成一个电极：

$$Ag,AgCl(s)\,|\,HCl(0.1mol\cdot L^{-1})\,|\,玻璃\,|\,待测溶液$$

　　这个导电的薄玻璃膜把两个溶液隔开，即有电动势产生，小球内氢离子浓度是固定的，所以该电极的电势随待测溶液的 pH 不同而改变，即

$$E=E^{\ominus}+0.0592V\times pH$$

式中　E——电动势；

　　　　$E^{\ominus}$——标准电极电势。

② 饱和甘汞电极 饱和甘汞电极是由金属汞、Hg_2Cl_2 和饱和 KCl 溶液组成的电极，内玻璃管封接一根铂丝，铂丝插入纯汞中，纯汞下面有一层甘汞（Hg_2Cl_2）和汞的糊状物。外玻璃管中装入饱和 KCl 溶液，下端用素烧陶瓷塞塞住，通过素瓷塞的毛细孔，可使内外溶液相通。甘汞电极可表示为：

$$Hg \mid Hg_2Cl_2(s) \mid KCl(饱和)$$

电极反应为：

$$Hg_2Cl_2 + 2e^- \rightleftharpoons 2Hg + 2Cl^-$$

其电极电势为：

$$E(Hg_2Cl_2 \mid Hg) = E^{\ominus}(Hg_2Cl_2 \mid Hg) - \frac{0.0592V}{2}\lg[c(Cl^-)/c^{\ominus}]^2$$

甘汞电极电势只与 $c(Cl^-)$ 有关，当管内盛饱和 KCl 溶液时，$c(Cl^-)$ 一定，$E(Hg_2Cl_2 \mid Hg) = 0.2415V(25℃)$。

将饱和甘汞电极与玻璃电极一起浸到被测溶液中组成原电池，其电动势为：

$$E_{MF} = E(Hg_2Cl_2 \mid Hg) - E_{玻} = 0.2415V - E_{玻}^{\ominus} + 0.0592V pH$$

$$pH = \frac{E_{MF} - 0.2415V + E_{玻}^{\ominus}}{0.0592V}$$

如果 $E_{玻}^{\ominus}$ 已知，即从电动势求出 pH。不同玻璃电极的 $E_{玻}^{\ominus}$ 是不同的，而且同一玻璃电极的 $E_{玻}^{\ominus}$ 也会随时间而变化。为此，必须对玻璃电极先进行标定，即用一已知 pH 的缓冲溶液先测出电动势：

$$E_s = E(Hg_2Cl_2 \mid Hg) - E_{玻}^{\ominus} - 0.0592V pH_s$$

然后测出未知液（其 pH 为 pH_x）的电动势 E_x：

$$E_x = E(Hg_2Cl_2 \mid Hg) - E_{玻}^{\ominus} - 0.0592V pH_x$$

两式相减可得：

$$\Delta E = E_s - E_x = 0.0592V(pH_s - pH_x) = 0.0592V pH$$

由上式可知，当溶液的 pH 改变一个单位时，电动势改变 0.0592V 即 59.2mV。酸度计上一般把测得的电动势直接用 pH 值表示出来。为了方便起见，仪器上设有定位调节器，测定标准缓冲溶液时，可利用调节器，把读数直接调节到标准缓冲溶液的 pH，以后测量未知溶液时，就可直接指示出溶液的 pH。

（2）25 型酸度计的使用方法

① pH 挡使用

a. 玻璃电极在使用前要提前 24h 浸泡在去离子水或蒸馏水中。

b. 甘汞电极接正极（＋），玻璃电极接负极（－）。安装时先把甘汞电极上的橡皮套取下，再将甘汞电极固定在电极夹上，玻璃电极插入负极插孔，并旋紧螺丝固定好。注意把甘汞电极的位置装得低一些，以防电极下落损坏玻璃电极。

c. 接通电源，打开电源开关，此时指示灯亮，预热 10min。

d. 定位（校准）

Ⅰ. 电极用去离子水冲洗后，用碎滤纸吸干水，插入定位用的标准缓冲溶液中（酸性溶液常用 pH＝4.009 的邻苯二甲酸氢钾标准缓冲溶液，碱性溶液用 pH＝9.18 的标准缓冲溶液）；

Ⅱ. 将测量旋钮扳至 pH 挡；

Ⅲ．温度补偿器旋至被测溶液的温度；

Ⅳ．量程开关置于与标准缓冲溶液相应的 pH 范围（酸性 0～7，碱性 7～14）；

Ⅴ．调节零点调节器，使电表指针在 7 处（通电前表针不在 7 处，可用螺丝刀调节表上螺丝）；

Ⅵ．按下读数开关，调节定位调节器，使指针的读数与标准缓冲溶液的 pH 相同；

Ⅶ．放开读数开关，指针回到 7 处。

如有变动，可重复Ⅵ和Ⅶ的操作。定位结束后，不得再动定位调节器。

e．测量

Ⅰ．电极用去离子水冲洗后，用滤纸吸干水后插入被测溶液中。

Ⅱ．按下读数开关，指针所指的数值就是被测溶液的 pH 值。

Ⅲ．在测量过程中，零点可能发生变化，应随时加以调整。

Ⅳ．测量完毕，放开读数开关，移走溶液，冲洗电极，取下甘汞电极，冲洗擦干后套上橡皮套，放回盒中。玻璃电极可不取下，但是要浸泡在新鲜去离子水中。切断电源。

② mV 挡的使用

a．接通电源，打开电源开关，预热 10min。

b．把 pH-mV 旋钮置于＋mV（或－mV）挡处，此时温度补偿旋钮和定位旋钮均不起作用。

c．量程开关置于"0"处，此时电表指针应指 7 处。再将量程开关置于 7～0 处，指针所示范围 700～0mV，调节零点调节器，使电表指针在"0"mV 处。

d．将待测电池的电极接在电极接线柱上。

e．按下读数开关，电表指针所指读数即为所测的端电压（电势差）。若指针偏转范围超过刻度时，量程开关由"7～0"扳回到"0"，再扳到"7～14"，指示所示范围为 700～1400mV。

f．读数完毕，先将量程开关扳向"0"，再放开读数开关，以免打弯指针。

g．切断电源，拆除电极。

（3）pHS-2C 型酸度计的使用方法

pHS-2C 型酸度计采用了数字显示，读数方便准确。测量溶液 pH 时，以玻璃电极为指示电极，甘汞电极为参比电极，也可与 pH 复合电极配套使用。pH 复合电极是将玻璃电极和甘汞电极制作在一起，使用方便。

① pH 测定步骤　玻璃电极使用前必须浸泡 24h。仪器在使用前，即测量溶液的 pH 前，可按如下程序进行定位。

a．打开仪器电源开关。

b．把测量选择开关扳到 pH 挡。

c．先把电极用去离子水或蒸馏水清洗，然后把电极插在 pH6.86 的缓冲溶液中，调节"温度"补偿器所指示的温度与被测溶液的温度相同，然后再调节定位调节器使仪器所指示的 pH 与该缓冲溶液在此温度下的 pH 相同。

d．取出电极，用去离子水清洗，把洗过的电极用碎滤纸吸干水分，插入 pH 为 4.003 的缓冲溶液中，使仪器的"温度"补偿器所指示的温度与缓冲溶液的温度相同，然后再调节"斜率"调节器，使仪器显示的 pH 与缓冲溶液在该温度下的 pH 相同。

经过标定的仪器，"定位"、"斜率"不应有任何变动。

经过标定的仪器就可以进行 pH 的测量。当被测溶液的温度不同于缓冲溶液温度时，温度调节器的温度与被测液温度一致。

② 测量电极电势（mV）

a. 把测量选择开关扳向"mV"；

b. 接上各种适当的离子选择电极；

c. 用去离子水清洗电极，用滤纸吸干；

d. 把电极插在被测液内，即可读出该离子选择电极的电动电势（mV）值并显示极性。

（4）注意事项

① 仪器性能的好坏与合理的维护保养密不可分，因此必须注意维护与保养。

② 仪器可以长时间连续使用，当仪器不用时，拔出电极插头，关闭电源开关。

③ 甘汞电极不用时要用橡皮套将下端套住，用橡皮塞将上端小孔塞住，以防饱和 KCl 溶液流失。当 KCl 溶液流失较多时，则通过电极上端小孔进行补加。玻璃电极不用时，应长期浸在去离子水中。

④ 玻璃电极球泡切勿接触污物，如有污物可用医用棉花轻擦球泡部分或用 $0.1mol \cdot L^{-1}$ HCl 溶液清洗。

⑤ 玻璃电极球泡有裂缝或老化，应更换电极。新玻璃电极或干置不用的玻璃电极在使用前应在去离子水中浸泡 24~48h。

⑥ 电极插口必须保持清洁、干燥。在环境湿度较大时，应用干布擦干。

3.3　分光光度计的使用

分光光度计是用于测量物质对光的吸收程度，并进行定性、定量分析的仪器。可见分光光度计是实验室常用的分析测量仪器，下面以紫外可见分光光度计 UV752 型为例系统地介绍分光光度计的使用方法和注意事项。

（1）仪器工作原理

分光光度计的基本工作原理是基于物质对光（对光的波长）的吸收具有选择性，不同的物质都有各自的吸收光带，所以当光色散后的光谱通过某一溶液时，其中某些波长的光就会被溶液吸收。在一定的波长下，溶液中物质的浓度与光能量减弱的程度有一定的比例关系，符合比色原理——朗伯-比尔定律（图 1-6）：

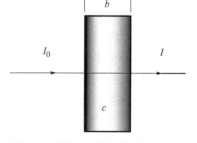

图 1-6　朗伯-比尔定律原理示意图

$$T = I/I_0$$

$$A = \lg \frac{1}{T} = \lg \frac{I_0}{I} = \varepsilon cb$$

式中，T 为透射比；I_0 为入射光强度；I 为透射光强度；A 为吸光度；ε 为吸收系数，$dm^3 \cdot mol^{-1} \cdot cm^{-1}$；$b$ 为溶液的光径长度，cm；c 为溶液的浓度，$mol \cdot dm^{-3}$。

从以上公式可以看出，当入射光、吸收系数和溶液厚度一定时，透光率是随溶液的浓度而变化的。当入射光的波长一定时，ε 即为溶液中有色物质的一个特征常数。

752 型分光光度计允许的测定波长范围在 195~1020nm，其构造比较简单，测定的灵敏度和精密度较高。因此，应用比较广泛。

（2）仪器的基本结构

752 型分光光度计的仪器构造见图 1-7。从光源灯发出的连续辐射光线，射到聚光透镜上，会聚后，再经过平面镜转角 90°，反射至入射狭缝。由此入射到单色器内，狭缝正好位于球面准直物镜的焦面上，当入射光线经过准直物镜反射后，就以一束平行光射向棱镜。光线进入棱镜后，进行色散。色散后回来的光线，再经过准直镜反射，就会聚在出光狭缝上，再通过聚光镜后进入比色皿，光线一部分被吸收，透过的光进入光电管，产生相应的光电流，经放大后在微安表上读出。

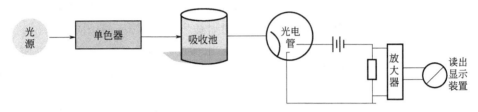

图 1-7　752 型分光光度计的基本结构示意图

（3）操作和使用方法

① 打开仪器开关，仪器使用前应预热 30min。

② 转动波长旋钮，观察波长显示窗，调整至需要的测量波长。

③ 根据测量波长，拨动光源切换杆，手动切换光源。200～339nm 使用氘灯，切换杆拨至紫外区；340～1000nm 使用卤钨灯，切换杆拨至可见区。

④ 调 T 零　在透视比（T）模式，将遮光体放入样品架，合上样品室盖，拉动样品架拉杆使其进入光路。按下"调 0％"键，屏幕上显示"000.0"或"-000.0"时，调 T 零完成。

⑤ 调 100％T/OA　先用参比（空白）溶液荡洗比色皿 2～3 次，将参比（空白）溶液倒入比色皿，溶液量约为比色皿高度的 3/4，用擦镜纸将透光面擦拭干净，按一定的方向，将比色皿放入样品架。合上样品室盖，拉动样品架拉杆使其进入光路。按下"调 100％"键，屏幕上显示"BL"延时数秒便出现"100.0"（T 模式）或"000.0"、"-000.0"（A 模式）。调 100％T/OA 完成。

⑥ 测量吸光度

a. 参照操作步骤③、步骤④。

b. 在吸光度（A）模式，参照步骤⑤调 100％T/OA。

c. 用待测溶液荡洗比色皿 2～3 次，将待测溶液倒入比色皿，溶液量约为比色皿高度的 3/4，用擦镜纸将透光面擦拭干净，按一定的方向，将比色皿放入样品架。合上样品室盖，拉动样品架拉杆使其进入光路，读取测量数据。

⑦ 测量完毕后，清理样品室，将比色皿清洗干净，倒置晾干后收起。关闭电源，盖好防尘罩，结束实验。

（4）仪器的维护和注意事项

① 调 100％T/OA 后，仪器应稳定 5min 再进行测量。

② 光源选择不正确或光源切换杆不到位，将直接影响仪器的稳定性。

③ 比色皿应配对使用，不得混用。置入样品架时，石英比色皿上端的"Q"标记（或

箭头）、玻璃比色皿上端的"G"标记方向应一致。

④ 玻璃比色皿适用范围 320～1100nm，石英比色皿适用范围 200～1100nm。

⑤ 使用的吸收池必须洁净，并注意配对使用。量瓶、移液管均应校正、洗净后使用。

⑥ 取吸收池时，手指应拿毛玻璃面的两侧，装盛样品以池体的 4/5 为度，使用挥发性溶液时应加盖，透光面要用擦镜纸由上而下擦拭干净，检视应无溶剂残留。吸收池放入样品室时应注意方向相同。用后用溶剂或水冲洗干净，晾干防尘保存。

⑦ 供试品溶液浓度除该品种已有注明外，其吸收度以在 0.3～0.7 之间为宜。

⑧ 测定时除另有规定外，应以配制供试品溶液的同批溶剂为空白对照，采用 1cm 石英吸收池，在规定的吸收峰±2nm 以内，测几个点的吸光度或由仪器在规定的波长附近自动扫描测定，以核对供试品的吸收峰位置是否正确，并以吸光度最大的波长作为测定波长。除另有规定外，吸光度最大波长应在该品种项下规定的测定波长±2nm 以内。

⑨ 供试品应取 2 份，如为对照品比较法，对照品一般也应取 2 份。平行操作，每份结果对平均值的偏差应在±0.5% 以内。选用仪器的狭缝宽度应小于供试品吸收带的半宽度，否则测得的吸收度值会偏低，狭缝宽度的选择应以减少狭缝宽度时供试品的吸收度不再增加为准，对于大部分被测品种，可以使用 2nm 缝宽。

3.4　比重计的使用

比重计是用来测定溶液相对密度的仪器。它是一支中空的玻璃浮柱，上部有标线，下部为一重锤，内装铅粒（如图 1-8）。根据溶液相对密度的不同而选用相适应的比重计。通常将比重计分为两种，一种是测量相对密度大于 1 的液体，称为重表；另一种是测量相对密度小于 1 的液体，称为轻表。

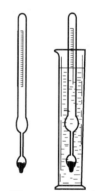

测定液体相对密度时，将欲测液体注入大量筒中，然后将清洁干燥的比重计慢慢放入液体中。为了避免比重计在液体中上下沉浮和左右摇动与量筒壁接触以致打破，故在浸入时，应该用手扶住比重计的上端，并让它浮在液面上，待比重计不再摇动而且不与器壁相碰时，即可读数。读数时视线要与凹液面最低处相切。用完比重计要洗净、擦干，放回盒内。由于液体相对密度的不同，可选用不同量程的比重计。

图 1-8　比重计和液体
相对密度的测定

3.5　气压计的使用

气压计的种类很多，这里介绍一种常用的 DYM2 型定槽水银气压计。DYM2 型定槽水银气压计是用来测量大气压的仪器（图 1-9）。它是以水银柱平衡大气压力，即以水银柱的高度来表示大气压力的大小。其主要结构是一根一端密封的长玻璃管，里面装满水银，开口的一端插入水银槽内，玻璃管内顶部水银面以上是真空。当拧松通气螺钉，大气压力就作用在水银槽内的水银面上，玻璃管中的水银高度即与大气压相平衡。拧转游尺调节手柄使游尺零线基面与玻璃管内水银弯月面相切，即可进行读数。

大气压发生变化时，玻璃管内水银柱的高度和水银槽内水银液面的位置也发生相应的变化。由于在计算气压表的游尺时已补偿了水银槽内水银液面的变化量，因而游标尺所示值经订正后，即为当时的大气压值。附属温度表用来测定玻璃管内水银柱和外管的温度，以便对气压计的值进行温度校正。

气压计的观测按下列步骤进行。

① 用手指轻敲外管，使玻璃管内水银柱的弯月面处于正常状态。

② 转动游尺调节手柄，使游尺移到稍高水银柱顶端的位置，然后慢慢移下游尺，使游尺基面与水银柱弯月面顶端刚好相切。

③ 在外管的标尺上读取游尺零线以下最接近的毫巴整数，再读游尺上正好与外管标尺上某一刻度相吻合的刻度线的数值，即为毫巴读数的十分位小数。

④ 读取附属温度计的温度，准确到 0.1℃。水银气压计因受温度和悬挂地区等影响，有一定的误差，当需要精密的气压数值时，则需要做温度、器差、重力（纬度的高度）等项校正，但由于校正后的数值和气压表读数相差甚微，故在通常情况下可不进行校正。

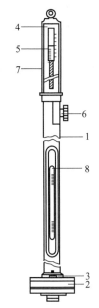

图 1-9　定槽水银气压计
1—玻璃管；2—水银槽；
3—通气螺钉；4—外管（刻有标尺）；
5—游尺；6—游尺调节手柄；
7—玻璃筒套；8—温度计

4 化学实验基本操作

4.1 加热装置与使用

在化学实验室中常常使用的加热装置有酒精灯、酒精喷灯、煤气灯、电炉、电加热套、马弗炉和微波炉等。

4.1.1 酒精灯

酒精灯由灯帽、灯芯（以及瓷质灯芯套管）和盛酒精的灯壶三部分组成（图1-10），灯帽与灯壶匹配使用，不要搞混。其火焰分为焰心、内焰、外焰三部分（图1-11）。

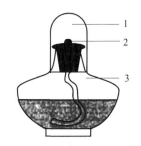

图1-10 酒精灯的构造

1—灯帽；2—灯芯；3—灯壶

图1-11 酒精灯的火焰

1—焰心；2—内焰；3—外焰

酒精灯为玻璃制品，加热温度可达673～773K，用于加热要求不太高的实验。酒精是易燃品，使用时一定按规范操作，以免引起火灾。点燃时检查灯芯，用火柴或燃着的木条从侧面移近点燃酒精灯，加热时应调节好受热器与灯焰的距离，用外焰来加热；熄灭时酒精灯可从火焰侧面将灯帽轻轻盖上，盖灭后，可取下灯帽，稍等片刻后再盖上，防止下次使用时打不开灯帽。添加酒精必须在熄灭火焰之后进行。通过小漏斗加入酒精，以免洒出。酒精的贮量以灯壶1/2～2/3为宜。

4.1.2 酒精喷灯

酒精喷灯多为金属制品，常用的有挂式和座式两种（图1-12、图1-13）。挂式喷灯由灯管、空气调节器、预热盘、铜帽和盖子构成，酒精贮存在悬挂于高处的贮罐内；座式喷灯由灯管、空气调节器、预热盘、酒精和酒精壶贮罐构成，酒精贮存在酒精壶内。喷灯温度可达到900～1200K。

使用酒精喷灯时首先在预热盘内加少量酒精，点燃，加热铜制灯管；待预热盘内酒精将近燃烧完时，开启空气调节器开关，由于酒精在灼热的灯管内汽化，并与来自气孔的空气混合，即可燃烧形成高温火焰，调节开关螺丝，可以控制灯焰的大小，使用完毕后熄灭时可盖灭，也可顺时针旋紧开关。添加酒精时挂式喷灯注意关好下口开关，座式喷灯酒精量不超过2/3壶。

4.1.3 煤气灯

煤气灯是化学实验中常用的加热器具。煤气灯加热快，温度高，可达1270K，使用方便。煤气灯由灯管、空气入口、煤气入口、针阀和灯座组成（图 1-14）。煤气灯火焰的组成如图 1-15 所示。

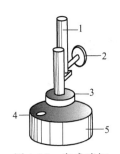

图 1-12　座式喷灯

1—灯管；2—空气调节器；3—预热盘；

4—铜帽；5—盖子

图 1-13　挂式喷灯

1—灯管；2—空气调节器；3—预热盘；

4—酒精；5—酒精壶贮罐

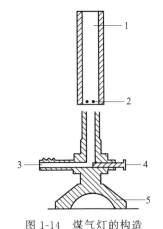

图 1-14　煤气灯的构造

1—灯管；2—空气入口；3—煤气入口；4—针阀；5—灯座

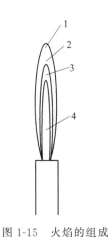

图 1-15　火焰的组成

1—氧化焰；2—最高温区；3—还原焰；4—焰心

　　煤气灯使用时先按照顺时针方向转动灯管，以关闭空气入口；点燃火柴，从下斜方向靠近灯管口；稍开煤气开关，将灯点燃，调节煤气开关和上旋灯管增大空气进入量，使空气和煤气的比例适当，获得正常火焰，熄灭时针阀向里旋，关闭煤气开关。

　　煤气灯的正常火焰，其氧化焰为淡紫色，还原焰为淡蓝色，焰心为黑色。实验室用氧化焰加热。使用时，如果空气或煤气的进入量调节不合适，会产生不正常火焰。当空气和煤气量都过大时，火焰会脱离灯管而凌空燃烧，这种火焰为凌空火焰，它只在点燃的一刹那产生，火柴熄灭时，火焰也自然熄灭；当空气的进入量大，煤气的进入量小时，煤气在灯管内燃烧，有时形成细长的火焰，这种火焰称侵入火焰。遇到产生不正常火焰时，应关闭煤气，冷却后重新调节、点燃，直至得到正常火焰。

4.1.4　电炉

　　电炉［图 1-16（a）］是一种利用电阻丝将电能转化为热能的装置。电炉可以代替煤气灯，用于加热盛于器皿中的液体。使用温度的高低可通过调节外电阻来控制，为保证容器受热均匀，使用时反应容器与电炉间利用石棉网相隔离。

4.1.5　电加热套

　　电加热套［图 1-16（b）］是用玻璃纤维丝与电热丝编织成半圆形的内套，外边加上金属外壳，中间填上保温材料。根据内套直径的大小分为 50mL、100mL、150mL、200mL、

250mL 等规格，最大可到 3000mL。此设备不用明火加热，使用较安全。但不能直接用于加热乙醚等易燃溶剂。由于它的结构是半圆形的，在加热时，烧瓶处于热气流中，因此，加热效率较高。使用时应注意，不要将药品撒在电热套中，以免加热时药品挥发污染环境，同时避免电热丝被腐蚀而断开。用完后放在干燥处，否则内部吸潮后会降低绝缘性能。

4.1.6 马弗炉

马弗炉 [图 1-16(c)] 是利用电热丝或硅碳棒加热的密封炉子，炉膛利用耐高温材料制成，呈长方体。一般电热丝炉最高温度为 950℃，硅碳棒炉为 1300℃，炉内温度是利用热电偶和毫伏表组成的高温计测量，并使用温度控制器控制加热速度。使用马弗炉时，被加热物体必须放置在能够耐高温的容器（如坩埚）中，不要直接放在炉膛上，同时不能超过最高允许温度。

(a) 电炉   (b) 电加热套   (c) 马弗炉

图 1-16 常用高温电加热器

4.1.7 微波炉

微波炉可以用做实验室加热，国际上规定微波功率的频率为 （915±25）MHz、（2450±50）MHz、（5800±75）MHz 和 （22125±125）MHz。目前我国主要应用 915MHz 和 2450MHz。

微波加热是材料在电磁场中由介质损耗而引起的体加热，意味着微波加热将微波电磁能转变为热能，其能量将通过空间或媒质以电磁波形式来传递，对物质的加热过程与物质内部分子的极化有着密切的关系。由于微波加热的特殊机制，因此与常规加热方式相比，它具有加热速度快、均匀、热效率高、无热惯性等优越性。

在一般条件下，微波可方便地穿透如玻璃、陶瓷、塑料（如聚四氟乙烯）等材料。因此，这些材料可用做微波化学反应器。另外水、炭、橡胶、木材和湿纸等介质可吸收微波而产生热。因此，微波作为一种能源，被广泛应用于纸张、木材、皮革、烟草、中草药的干燥、杀虫灭菌和食品工业等科研领域。

4.2 加热方式

4.2.1 直接加热

当被加热的液体在较高温度下稳定而不分解，又无着火危险时，可以把盛有液体的容器放在石棉网上用灯直接加热。实验室常用于直接加热的玻璃器皿中，烧杯、烧瓶、蒸发皿、试管等，能承受一定的温度，但不能骤冷骤热，因此在加热前必须将器皿外的水擦干，加热后也不能立即与潮湿物体接触。

（1）试管加热

少量液体或固体一般置于试管中加热。用试管加热时，由于温度较高，不能直接用手拿试管加热，应用试管夹夹持试管或将试管用铁夹固定在铁架台上。加热液体时，应控制液体的量不超过试管容积的 1/3，用试管夹夹持试管的中上部加热，并使管口稍微向上倾斜（图 1-17），管口不要对着自己或别人，以免被暴沸溅出的溶液灼伤，为使液体各部分受热均匀，应先加热液体的中上部，再慢慢往下移动加热底部，并不时地摇动试管，以免由于局部过热，蒸气骤然发生将液体喷出管外，或因受热不均使试管炸裂。加热固体时，试管口应稍微向下倾斜（图 1-18），以免凝结在试管口上的水珠回流到灼热的试管底部，使试管破裂。加热固体时也可以将试管用铁夹固定在铁架台上。

图 1-17   加热液体

图 1-18   加热固体

图 1-19   加热烧杯中的液体

（2）烧杯、烧瓶、蒸发皿的加热

蒸发液体或加热量较大时可选用烧杯、烧瓶或蒸发皿。用烧杯、烧瓶和蒸发皿等这些玻璃器皿加热液体时，不可用明火直接加热，应将器皿放在石棉网上加热（图 1-19），否则易因受热不均而破裂。使用烧杯和蒸发皿加热时，为了防止爆沸，在加热过程中要适当加以搅拌。加热时，烧杯中的液体量不应超过烧杯容积的 1/2。

蒸发、浓缩与结晶是物质制备实验中常用的操作之一，通过此步操作可将产品从溶液中提取出来。由于蒸发皿具有大的蒸发表面，有利于液体的蒸发，所以蒸发浓缩通常在蒸发皿中进行。蒸发皿中的盛液量不应超过其容积的 2/3。加热方式可视被加热物质的性质而定。对热稳定的无机物，可以用灯直接加热（应先均匀预热），一般情况下采用水浴加热。加热时应注意不要使瓷蒸发皿骤冷，以免炸裂。

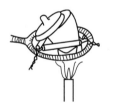

图 1-20   灼烧坩埚

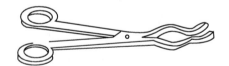

图 1-21   坩埚钳的放法

（3）坩埚加热

高温灼烧或熔融固体使用的仪器是坩埚。灼烧是指将固体物质加热到高温以达到脱水、分解或除去挥发性杂质、烧去有机物等目的的操作。实验室常用的坩埚有：瓷坩埚、氧化铝坩埚、金属坩埚等。至于要选用何种材料的坩埚则视需灼烧的物料的性质及需要加热的温度而定。

加热时，将坩埚置于泥三角上，直接用煤气灯灼烧（图 1-20）。先用小火将坩埚均匀预热，然后加大火焰灼烧坩埚底部，根据实验要求控制灼烧温度和时间。夹取高温下的坩埚时，必须使用干净的坩埚钳，坩埚钳使用前先在火焰上预热一下，再去夹取。灼热的瓷坩埚及氧化铝坩埚绝对不能与水接触，以免爆裂。坩埚钳使用后应使尖端朝上（图 1-21）放在桌子上，以保证坩埚钳尖端洁净。用煤气灯灼烧可获得 700~900℃ 的高温，若需更高温度可使用马弗炉或电炉。

4.2.2　间接加热

当被加热的物体需要受热均匀，而且受热温度又不能超过一定限度时，可根据具体情况，选择特定的热浴进行间接加热。所谓热浴是指先用热源将某些介质加热，介质再将热量传递给被加热物的一种加热方式。它是根据所用的介质来命名的，如用水作为加热介质称为水浴，类似的还有油浴、砂浴等。热浴的优点是加热均匀，升温平稳，并能使被加热物保持较恒定温度。

（1）水浴

以水为加热介质的一种间接加热法，水浴加热常在水浴锅中进行。在水浴加热操作中，水浴中水的表面略高于被加热容器内反应物的液面，可获得更好的加热效果。如采用电热恒温水浴锅加热，则可使加热温度恒定。实验室也常用烧杯代替水浴锅，在烧杯上放上蒸发皿，也可作为简易的水浴加热装置，进行蒸发浓缩。如将烧杯、蒸发皿等放在水浴盖上，通过接触水蒸气来加热，这就是蒸气浴。如果要求加热的温度稍高于100℃，可选用无机盐类的饱和水溶液作为热浴液。

（2）油浴

油浴也是一种常用的间接加热方式，所用油多为花生油、豆油、亚麻油、蓖麻油、菜籽油、硅油、甘油和真空泵油等。

（3）砂浴

在铁盘或铁锅中放入均匀的细砂，再将被加热的器皿部分埋入砂中，下面用灯具加热就成了砂浴。

另外，热浴中还有金属浴、盐浴等。

4.2.3　加热的一般原则

① 烧杯、烧瓶、曲颈瓶、蒸发器、坩埚和硬质试管等可以加热，有刻度的仪器、试剂瓶、广口瓶、抽滤瓶各种容量器和表面玻璃等则不准加热。

② 加热前器皿外部必须干净，不能有水滴或其他污物，刚刚加热的容器不能马上放在桌面或其他冷的地方。

③ 加热液体过程中，若有沉淀存在，必须不断搅拌，看守加热仪器时，不得离开现场。

④ 加热液体时，其体积不能超过容器主要部分高度的2/3。

⑤ 加热液体过程中，不能直接向液体俯视，以免迸溅等意外情况发生。

⑥ 加热时要远离易燃、易爆物。

⑦ 不要急剧加热，要采用适当的装置和方法进行加热，并且把加热限于必要的最小的限度内。

4.3　基本量度仪器的使用

4.3.1　量筒的使用

量筒（图1-22）是化学实验室中最常用的度量液体的仪器。它有各种不同的容量，可根据不同需要选用。例如，需要量取8.0mL液体时，为了提高测量的准确度，应选用10mL量筒（测量误差为±0.1mL），如果选用100mL量筒量取8.0mL液体体积，则至少有±1mL的误差。读取量筒的刻度值，一定要使视线与量筒内液面（半月形弯曲面）的最低点处于同一水平线上（图 1-23），否则会增加体积的测量误差。量筒不能做反应器用，不能装热的液体。

图 1-22   量筒

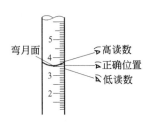

图 1-23   量筒刻度的读法

4.3.2   容量瓶的使用

容量瓶（图 1-24）是一种细颈梨形的平底瓶，带有磨口塞，主要用来把精密称量的物质配制成准确浓度的溶液或是将准确体积及浓度的浓溶液稀释成准确浓度及容积的稀溶液。容量瓶颈上刻有环形标线，瓶上标有它的容积和标定时的温度（一般为 20℃），通常有 1mL、2mL、5mL、10mL、25mL、50mL、100mL、200mL、250mL、500mL、1000mL 等规格。当液体充满到标线时，液体体积恰好与瓶子上所注明的体积相等。

容量瓶使用前应检查是否漏水。检查的方法为注入自来水至标线附近，盖好瓶塞，左手按住塞子，右手托住瓶底。将其倒立 2min，观察瓶塞周围是否有水渗出。如果不漏，再把塞子旋转 180°，塞紧、倒置，如仍不漏水，则可使用（如图 1-25 所示）。使用前必须把容量瓶按容量器皿洗涤要求洗涤干净。容量瓶与塞要配套使用。瓶塞须用尼龙绳把它系在瓶颈上，以防掉下摔碎。系绳不要很长，约 2～3cm，以可以启开塞子为限。容量瓶不可在烘箱中烘烤，也不能用任何加热的办法来加速瓶中物料的溶解。长期使用的溶液不要放置于容量瓶内，应转移到干净或经该溶液润冲过的储藏瓶中保存。

图 1-24   容量瓶

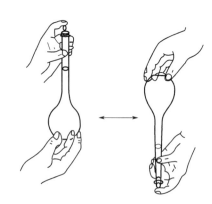

图 1-25   容量瓶的正确使用

4.3.3   移液管和吸量管的使用

要准确移取一定体积的液体时，常使用吸管。吸管有无分度吸管（又称移液管）和有分度吸管（又称吸量管）两种。

移液管是用来准确移取一定量液体的量器，见图 1 26(a)。它是中间有一膨大部分（称为球部）的玻璃管，球部上和下均为较细窄的管颈，上端管颈刻有一条标线。常用的移液管有 2mL、5mL、10mL、25mL 等规格。吸量管是具有分刻度的玻璃管，见图 1-26(b)。用以吸取所需不同体积的液体，常用的吸量管有 1mL、2mL、5mL、10mL 等规格。如需移取 5mL、10mL、25mL 等整数，用相应大小的移液管，而不用吸量管。量取小体积且不是整数时，一般用吸量管。使用时，令液面从某一分度（通常为最高标线）降到另一分度，两分度间的体积刚好等于所需量取的体积，通常不能把溶液放到底部。在同一实验中，尽可能使用同一吸管的同一段，而且尽可能使用上面部分，不用末端收缩部分。

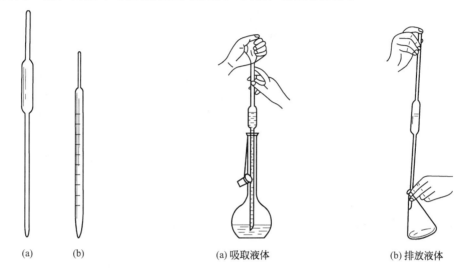

(a)　　　(b)　　　　　　(a) 吸取液体　　　　　(b) 排放液体

图 1-26　移液管、吸量管　　　　　图 1-27　移液管的正确使用方法

用移液管吸取溶液前，依次用洗液、自来水、蒸馏水洗涤，最后再取少量被量液体润洗 3 次，以保证被吸取的溶液浓度不变。蒸馏水和溶液润洗的用量由吸管大小决定，无分度吸管以液面上升到球部为限，有分度吸管则以充满全部体积的 1/5 为限。用吸管吸取溶液时，左手拿洗耳球（预先排除空气），右手拇指及中指拿住管颈标线以上的地方 [图 1-27(a)]。吸管下端至少伸入液面 1cm，不要伸入太多，以免管口外壁黏附溶液过多，也不要伸入太少，以免液面下降后吸空。用洗耳球慢慢吸取溶液，眼睛注意正在上升的液面位置，吸管应随容器中液面下降而降低。当溶液上升到标线以上时迅速用右手食指紧按关口，取出吸管，左手拿住盛溶液的容器，并倾斜约 45°。右手垂直地拿住吸管，使其管尖靠住液面以上的容器壁 [图 1-27(b)]，微微抬起食指，当液面缓缓下降到与标线相切时，立即紧按食指，使流体不再流出。再把吸管移入准备接受溶液的容器中，仍使其管尖接触容器壁，让接受容器倾斜，吸管直立，抬起食指，溶液就自由地沿壁流下。待溶液流尽后，约等 15s，取出吸管。注意，不要把残留在管尖的液体吹出（除非吸管上注明"吹"字），因为在校准吸管容积时没有把这部分液体包括在内。

4.3.4　滴定管的使用

滴定管是滴定时准确测量溶液体积的量出式量器，它是具有精确刻度、内径均匀的细长玻璃管。常量分析的滴定管容积有 50mL 和 25mL，最小刻度为 0.1mL，读数可估计到 0.01mL。

根据控制溶液流速的装置不同，滴定管可分为酸式滴定管和碱式滴定管两种。酸式滴定管下端有玻璃活塞开关，它用来装酸性溶液和氧化性溶液，不宜盛碱性溶液。碱式滴定管的

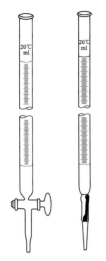

图 1-28　酸式、碱式滴定管

下端连接一乳胶管，管内有玻璃珠以控制溶液的流出，乳胶管的下端连一尖嘴玻璃管（图 1-28）。凡是能与乳胶管起反应的氧化性溶液，如 $KMnO_4$、I_2 等，都不能装在碱式滴定管中。

（1）滴定管的洗涤、涂油与试漏

滴定管在使用前依次用配好的合成洗涤剂或洗液（若滴定管内没有明显的污染时可不用洗涤剂或洗液，碱式滴定管需要洗液洗涤时，可除去橡皮管，用塑料乳头堵塞滴定管下口进行洗涤）、自来水、蒸馏水洗涤至内壁不挂水珠为止。

为使活塞转动灵活并防止漏水，需将活塞涂油（凡士林或真空活塞脂），涂油的方法如下：先擦干活塞和活塞槽内壁，用手指取少量的凡士林擦在活塞粗的一端，沿圆周涂一薄层，尤其在孔的近旁，不能涂多。另把凡士林涂在活塞槽细端的内壁上。涂完以后将活塞插入活塞槽中，插时活塞孔应与滴定管平行。然后向另外一个方向转动活塞，直到从活塞外面观察全部呈现透明为止。若转动仍不灵活，或活塞内油层出现纹路，表示涂油不够。如果有油从活塞隙缝溢出或挤入活塞孔，表示涂油太多。遇到这种情况，都必须重新涂油。活塞装好后套上小橡皮圈。酸式滴定管旋塞的涂油如图 1-29 所示。

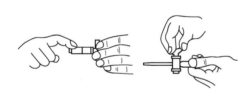

图 1-29　酸式滴定管旋塞的涂油

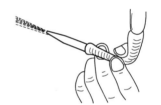

图 1-30　碱式滴定管排除气泡

涂好油的滴定管需要检查是否漏水。其方法是：用水充满滴定管，置于滴定管架上静置 2min，观察有无水滴下。然后将活塞旋转 180℃，再如前检查。如漏水应重新涂油，至不漏水为止。碱式滴定管如漏水应更换玻璃珠或橡皮管。

（2）操作溶液的装入

在装入操作溶液时，先用该溶液洗涤滴定管内壁三次，每次约 10mL，然后装入溶液至 0 刻度以上为止。

装满溶液的滴定管，应检查出口管是否充满溶液，如出口管还没有充满溶液，此时将酸式滴定管倾斜约 30°，左手迅速打开活塞使溶液冲出，下面用烧杯承接溶液，此时溶液将充满全部出口管。假如使用碱式滴定管，则把橡皮管向上弯曲，玻璃尖嘴斜向上方。用两指捏挤玻璃珠，使溶液从出口管喷出，即可排除气泡（图 1-30）。

（3）滴定管的读数

读数时滴定管必须保持垂直。注入或放出溶液后稍等 1~2min，待附着在内壁的溶液流下来后再进行读数。常量滴定管读数应读到小数点后第二位，如 25.93mL、22.10mL 等。

读数时视线必须与液面保持在同一水平。对于无色或浅色溶液，读它们的弯月面下缘最低点的刻度；对于深色溶液如高锰酸钾、碘水等，可读两侧最高点的刻度。如图 1-31 所示。

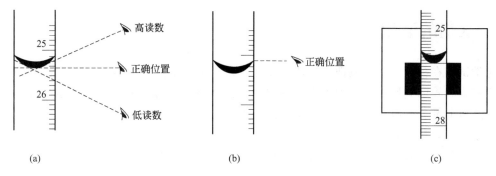

图 1-31 滴定管读数

为了帮助准确地读出弯月面下缘的刻度,可在滴定管后面衬一张"读数卡"。所谓的读数卡就是一张黑色或深色纸。读数时将它放在滴定管背后,使黑色边缘在弯月面下方 1mm 左右,此时看到的弯月面反射层呈黑色,读出黑色弯月面下缘最低点的刻度即可。

若滴定管的背后有一条蓝线或蓝带,无色溶液这时就形成了两个弯月面,并且相交于蓝线的中线上,读数时即读此交点的刻度;若为深色溶液,则仍读液面两侧最高点的刻度。

(4)滴定操作

使用酸式滴定管时,必须左手控制滴定管活塞,大拇指在前,食指和中指在管后,三指平行地轻轻拿住活塞柄,无名指和小指向手心弯曲,轻贴出口管,注意不要顶住活塞,造成漏水。滴定时,右手持锥形瓶,将滴定管下端伸入锥形瓶口约 1cm,然后边滴加溶液边摇动锥形瓶(应向同一方向转动)。滴定速度在前期可稍快,但不能滴成"水线"。接近终点时改为逐滴加入,即每加 1 滴,摇动后再加,最后应控制半滴加入:将活塞稍稍转动,使半滴悬于管口,用锥形瓶内壁将其沾落,再用洗瓶吹洗内壁。如图 1-32 所示。在烧杯中滴定则如图 1-33 所示。

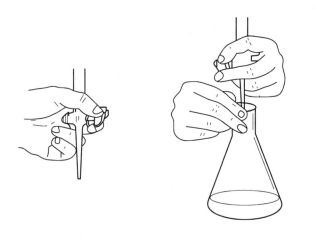

图 1-32 滴定管的操作   图 1-33 在烧杯中滴定

每次滴定最好都是将溶液装至滴定管 0.00mL 刻度或稍微下一点,这样可减少滴定误差。

使用碱式滴定管时,用左手无名指和小指夹住出口管,使出口管垂直而不摆动。用拇指和食指捏住玻璃珠所在部位,向右边挤压橡皮管,使溶液从玻璃珠旁空隙流出。注意不要用力捏破玻璃珠,也不能使玻璃珠上下移动。

4.4　试剂的取用

化学试剂在分装时，一般把固体试剂放在广口瓶中，把液体试剂或配制的溶液盛放在细口瓶或带有滴管的滴瓶中，而把见光易分解的试剂或溶液（如硝酸银等）盛放在棕色瓶中。每一试剂瓶上都要贴有标签，并注明试剂的名称、规格或浓度以及日期。在标签外面涂上一层蜡或蒙上一层透明胶纸来保护它。

取用试剂前应看清标签。取用时，先打开瓶塞，倒放在实验台上。如果瓶塞上端不是平顶而是扁平的，可用食指和中指将瓶塞夹住（或放在清洁的表面皿上），绝不可将它横置桌上，以免沾污。不能用手接触化学试剂。应根据用量取用试剂，这样既能节约药品，又能取得好的实验结果。取完试剂后，一定要把瓶塞盖严，绝不允许将瓶塞张冠李戴。最后要将试剂瓶放回原处，以保持实验台的整齐干净。

4.4.1　固体试剂的取用

① 要用清洁、干燥的药匙取用试剂，应专匙专用。用过的药匙必须洗净擦干后才能再使用。

② 不要超过指定用量取药，多取的不能倒回原瓶，可放在指定的容器中供他人使用。

③ 要求取用一定质量的固体时，可把固体放在干燥的纸上称量。具有腐蚀性或易潮解的固体应放在表面皿上或玻璃容器内称量。

④ 往试管（特别是湿试管）中加入固体试剂时，可用药匙或将取出的药品放在对折的纸片上，伸进试管的 2/3 处。加入块状固体时，应将试管倾斜，使其沿管壁慢慢滑下，以免碰破管底（图 1-34）。

(a) 　　　　　　　　　　　　　　　　　　　　(b)

图 1-34　固体试剂的取用

⑤ 固体的颗粒较大时，可在清洁而干燥的研钵中研碎。研钵中所盛固体的量不要超过研钵容量的 1/3。

⑥ 有毒物品要在教师指导下取用。

4.4.2　液体试剂的取用

① 从滴瓶中取用液体试剂时，要用滴瓶中的滴管，滴管绝不能深入到所用的容器中，以免接触器壁而沾污药品。如果滴管从试剂瓶中取少量液体试剂时，则需要用附于该试剂瓶的专用滴管取用。装有药品的滴管不能横置或滴管口向上斜放，以免液体流入滴管的橡皮头中。

② 从细口瓶中取用液体试剂时，用倾注法。先将瓶塞取下，反放在桌面上，手握住试剂瓶上贴标签的一面，逐渐倾斜瓶子，让试剂沿着洁净的试管壁流入试管或沿着洁净的玻璃棒注入烧杯中。注出所需量后，将试剂瓶口在容器上靠一下，再逐渐竖起瓶子，以免遗留在瓶口的液滴流到瓶的外壁（图 1-35）。

③ 在试管中进行某些实验时，取试剂不需要准确用量。只要学会估计取用液体的量即

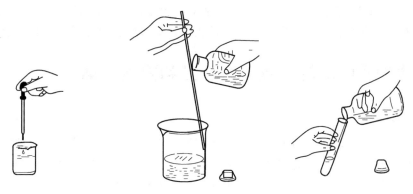

图 1-35　液体试剂的取用

可。例如用滴管取用液体，1mL 相当于多少滴；5mL 液体占一个试管容量的几分之几等。倒入试管中液体的量，一般不超过其容积的 1/3。

④ 定量取用液体时，用量筒或移液管。量筒用于量度一定体积的液体，可根据需要选择不同容量的量筒。量取液体时，使视线与量筒内液体的弯月面的最低处保持水平，偏高或者偏低都会因读不准而造成较大的误差。

4.5　溶液的配制方法

4.5.1　一般溶液的配制

配置一般溶液，常用的方法有直接水溶法、介质水溶法和稀释法三种。

① 直接水溶法　对于一些易溶于水，不水解或水解程度较小的固体试剂，例如 NaCl、NaOH、NaAc 等，在配制其水溶液时，可先计算出配制一定浓度、一定体积的溶液所需固体试剂的质量，然后用电子台秤称取所需量的试剂于小烧杯中，加少量纯水搅拌使其溶解，再稀释至所需体积，搅拌均匀后转移至试剂瓶中。

② 介质水溶法　对于易水解的固体试剂，如 $SnCl_2$、$FeCl_3$、$Bi(NO_3)_3$、KCN 等，在配制其水溶液时，应根据所配溶液的浓度及体积，在台秤上称取一定质量的固体试剂于烧杯中，然后加入适量的一定浓度的相应的酸液或碱液，使其溶解，再用纯水稀释至所需体积，搅拌均匀后转移至试剂瓶中。

③ 稀释法　对于液体试剂，如硫酸、硝酸、盐酸、乙酸等，在配制其水溶液时，可根据所配溶液的浓度及体积，先用量筒量取所需体积的浓溶液，再用纯水稀释至所需体积。

4.5.2　标准溶液的配制

已知准确浓度的溶液称为标准溶液。配制标准溶液常用的方法有直接法、标定法和稀释法三种。

① 直接法　在分析天平上准确称取一定量的基准试剂于烧杯中，加入适量的纯水溶解后转入容量瓶中，用纯水洗涤烧杯数次，直至试剂全部转入容量瓶中，再用纯水稀释至刻度，摇匀，其浓度可由称量数据及容量瓶的体积求得。

② 标定法　对于不符合基准试剂要求的物质，不能用直接法配制其标准溶液，但可以先配制成近似所需浓度的溶液，然后用基准试剂或已知浓度的标准溶液标定，求出它的浓度。

③ 稀释法　用已知浓度的标准溶液，配制浓度较小的标准溶液时，可根据需要用移液管吸取一定体积的浓溶液，于适当体积的容量瓶中，加水或相应介质溶液稀释至刻度即可。

4.6　固体物质的溶解、蒸发、结晶和固液分离

4.6.1　固体溶解

将固体物质溶解于某一溶剂形成溶液称为溶解，它遵从相似相溶规律，即溶质在与它结构相似的溶剂中较易溶解。因此溶解固体时，要根据固体物质的性质选择适当的溶剂，考虑到温度对物质溶解度及溶解速度的影响，可采用加热及搅拌等方法加速溶解。

固体溶解操作的一般步骤如下。

① 研细固体，待溶解固体极细或极易溶解，则不必研磨。易潮解及易风化固体不可研磨。

② 加入溶剂，所加溶剂量应能使固体粉末完全溶解而又不致过量太多，必要时应根据固体的量及其在该温度下的溶解度计算或估算所需溶剂的量，再按量加入。

③ 搅拌溶解（图 1-36），搅拌可以使溶解速度加快。用玻璃棒搅拌时，应手持玻璃棒并转动手腕，用微力使玻璃棒在液体中均匀地转圈，使溶质和溶剂充分接触而加速溶解。搅拌时不可使玻璃棒碰在器壁上（图 1-37），以免损坏容器。

图 1-36　搅拌溶解

沿壁划动　　乱搅溅出　　击破杯壁

图 1-37　错误操作

④ 必要时还应加热。加热一般可加速溶解过程，应根据物质对热的稳定性选用直接加热或水浴等间接加热方法。热解温度低于 $100℃$ 的物质不宜直接加热。

4.6.2　蒸发和结晶

为使溶解在较大量溶剂中的溶质从溶液中分离出来，常采用蒸发浓缩和冷却结晶的方法。溶剂受热不断被蒸发，当蒸发至溶质在溶液中处于过饱和状态时，经冷却便有结晶析出，经固液分离处理后得到该溶质的晶体。

蒸发皿具有大的蒸发表面，有利于液体的蒸发，故常压蒸发浓缩通常在蒸发皿中进行。蒸发时蒸发皿中的盛液量不应超过其容量的 $2/3$，还应注意不要使瓷蒸发皿骤冷，以免炸裂。加热方式视被加热物质的热稳定性而定。对热稳定的无机物，可以直接加热，一般情况下采用水浴加热，水浴加热蒸发速度较慢，蒸发过程易控制。

蒸发时不宜把溶剂蒸干，少量溶剂的存在，可以使一些微量的杂质由于未达饱和而不至于析出，这样得到的结晶较为纯净。但不同物质其溶解度往往相差很大，所以控制好蒸发程度是非常重要的。对于溶解度随温度变化不大的物质，为了获得较多的晶体，应蒸发至有较多结晶析出，将溶液静置冷却至室温，便会得到大量的结晶和少量残液（母液）共存的混合

物，经分离后得到所需的晶体；若物质在高温时溶解度很大而在低温时变小，一般蒸发至溶液表面出现晶膜（液面上有一层薄薄的晶体），冷却即可析出晶体。某些结晶水合物在不同温度下析出时所带结晶水数目不同，制备此类化合物时应注意要满足其结晶水条件。

向过饱和溶液中加入一小粒晶体（称为"晶种"）或者用玻棒摩擦器壁，可加速晶体析出。析出晶体的颗粒大小与结晶条件有关。如果溶液浓度高、快速冷却并加以搅拌，则会析出细小晶体。这是由于短时间内产生了大量的晶核，晶核形成速度大于晶体的生长速度。而浓度较低或静置溶液并缓慢冷却则有利于大晶体生成。从纯度上看，大晶体由于结晶完美，表面积小，夹带的母液少，并易于洗净，因此比细小晶体纯度高。

为了得到纯度更高的物质，可将第一次结晶得到的晶体加入适量的蒸馏水（水量为在加热温度下固体刚好完全溶解）加热溶解后，趁热将其中的不溶物滤除，然后再次进行蒸发、结晶。这种操作叫做重结晶。根据纯度要求可以进行多次结晶。在重结晶操作中，为避免所需溶质损失过多，结晶析出后残存的母液不宜过多，在少量的母液中，只有微量存在的杂质才不至于达到饱和状态而随同结晶析出。因此，杂质含量较高的样品，直接用重结晶的方法进行纯化，往往达不到预期的效果。一般认为，杂质含量高于 5% 的样品，必须采用其他方法进行初步提纯后，再进行重结晶。

4.6.3　固液分离

溶液和沉淀的分离方法有三种：倾析法、过滤法、离心分离法。应根据沉淀的形状、性质及数量，选用合适的分离方法。

（1）倾析法

此法适用于相对密度较大的沉淀或大颗粒晶体等静置后能较快沉降的固体的固液分离。

倾析法分离的操作方法是：先将待分离的物料置于烧杯中，静置，待固体沉降完全后，将玻璃棒横放在烧杯嘴，小心沿玻璃棒将上层清液缓慢倾入另一烧杯内（图 1-38），残液要尽量倾出，使沉淀与溶液分离完全。留在杯底的固体还沾附着残液，要用洗涤液洗涤除去。洗涤时先洗玻璃棒，再洗烧杯壁，将上面沾附的固体冲至杯底，搅拌均匀后，再重复上述静置沉降再倾析的操作，反复几次（一般 2～3 次即可），直至洗涤干净符合要求为止。洗涤液一般用量不宜过多。

图 1-38　倾析法

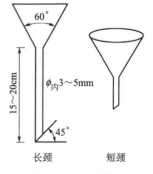

图 1-39　玻璃漏斗

（2）过滤法

过滤是最常用的固-液分离方法之一。过滤时，沉淀和溶液经过过滤器，沉淀留在过滤器上，溶液则通过过滤器而进入接受容器中，所得溶液称为滤液。常用的过滤方法有常压过滤（普通过滤）、减压过滤（抽滤）和热过滤 3 种。能将固体截留住只让溶液通过的材料除了滤纸之外，还可用其他一些纤维状物质以及特制的微孔玻璃漏斗等。下面仅介绍最常用的滤纸过滤法。

① 常压过滤法　此法较为简单、常用，使用玻璃漏斗和滤纸进行。当沉淀物为胶体或细小晶体时，用此法过滤较好。缺点是过滤速度较慢。

a. 漏斗的选择。漏斗多为玻璃制的，也有搪瓷的。通常分为长颈和短颈两种（图 1-39）。玻璃漏斗锥体的角度为 60°，颈直径通常为 3～5mm，若太粗，不易保留水柱。普通漏斗的规格按斗径（深）划分，常用有 30mm、40mm、60mm、100mm、120mm 等几种，选用的漏斗大小应以能容纳沉淀量为宜。若过滤后欲获取滤液，应按滤液的体积选择斗径大小适当的漏斗。在质量分析时，则必须用长颈漏斗。

b. 滤纸的选择。滤纸有定性滤纸和定量滤纸两种，除了做沉淀的质量分析外，一般选用定性滤纸。滤纸按孔隙大小又分为快速、中速、慢速三种。按直径大小分为 7cm、9cm、12.5cm、15cm 等几种。应根据沉淀的性质选择滤纸的类型，细晶形沉淀，应选用慢速滤纸；粗晶形沉淀，宜选用中速滤纸；胶状沉淀，需选用快速滤纸过滤。根据沉淀量的多少选择滤纸的大小，一般要求沉淀的总体积不得超过滤纸锥体高度的 1/3。滤纸的大小还应与漏斗的大小相适应，一般滤纸上沿应低于漏斗上沿约 0.5～1cm。

c. 滤纸的折叠。折叠滤纸前应先把手洗净擦干。选取一合适大小的圆形滤纸对折两次（方形滤纸需剪成扇形），折痕不要压死，展开后成圆锥形，内角成 60°，恰好能与漏斗内壁密合（图 1-40）。如果漏斗的角度大于或小于 60°，应适当改变滤纸折成的角度使之与漏斗壁密合。折叠好的滤纸还要在 3 层纸那边将外面 2 层撕去 1 个小角（图 1-41），以保证滤纸上沿能与漏斗壁密合而无气泡。

圆形滤纸折法　　　　　　　　　　　　　　　方形滤纸折法

图 1-40　滤纸的折叠方法

安放时，用食指将滤纸按在漏斗内壁上（图 1-42），用少量蒸馏水润湿滤纸，用玻璃棒轻压滤纸四周，赶去滤纸与漏斗壁间的气泡，务必使滤纸紧贴在漏斗壁上。为加快过滤速度，应使漏斗颈部形成完整的水柱。为此，加蒸馏水至滤纸边缘，让水全部流下，漏斗颈部内应全部充满水。若未形成完整的水柱，可用手指堵住漏斗下口。稍掀起滤纸的一边用洗瓶向滤纸和漏斗空隙处加水，使漏斗和锥体被水充满，轻压滤纸边，放开堵住漏斗口的手指，即可形成水柱。

图 1-41　滤纸撕角

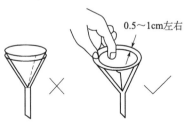

0.5～1cm左右

图 1-42　安放滤纸

　　d. 过滤操作（图1-43）。将准备好的漏斗放在漏斗架或铁圈上，下面放一洁净容器承接滤液，调整漏斗架或铁圈高度，使漏斗管斜口尖端一边紧靠接受容器内壁。为避免滤纸孔隙过早被堵塞，过滤时先滤上部清液，后转移沉淀，这样可加快整个过滤的速度。过滤时，应使玻璃棒下端与3层滤纸处接触，将待分离的液体沿玻璃棒注入漏斗，漏斗中的液面高度应略低于滤纸边缘（0.5~1cm左右）。待溶液转移完毕后，再往盛有沉淀的容器中加入少量洗涤剂充分搅拌后，将上方清液倒入漏斗过滤，如此重复洗涤两三遍，最后将沉淀转移到滤纸上。图1-44为过滤时的错误操作，一定要避免。

　　e. 沉淀的洗涤。将沉淀全部转移到滤纸上，待漏斗中的溶液完全滤出后，为除去沉淀表面吸附的杂质和残留的母液，仍需在滤纸上洗涤沉淀。其方法是：用洗瓶吹出少量水流，从滤纸边沿稍下部位开始，按螺旋形向下移动（图1-45），洗涤滤纸上的沉淀和滤纸几次，并借此将沉淀集中到滤纸锥体的下部。洗涤时应注意，切勿使洗涤液突然冲在沉淀上，以免沉淀溅失。为了提高洗涤效率，每次使用少量洗涤液，洗后尽量滤干，多洗几次，通常称为"少量多次"的原则。

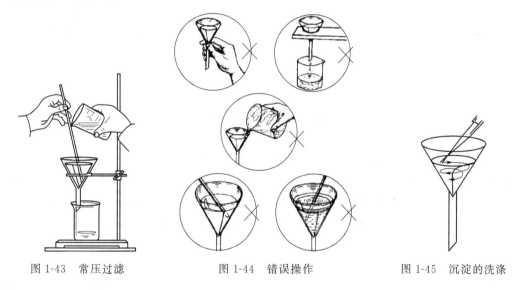

图1-43　常压过滤　　　　　　　　图1-44　错误操作　　　　　　　图1-45　沉淀的洗涤

　　② 减压过滤法　减压过滤可以加快过滤速度，沉淀也可以被抽吸得较为干燥。但不宜用于过滤胶状沉淀和颗粒太小的沉淀。因为胶状沉淀在快速过滤时易穿透滤纸，颗粒太小的沉淀物易在滤纸上形成密实的薄层，使得溶液不易透过。

　　减压过滤需借助真空泵或水流抽气管完成，它们起着带走空气的作用，使抽滤瓶内减压，从而使布氏漏斗内的溶液因压力差而加快通过滤纸的速度。减压过滤装置（图1-46）的主要部件包括抽滤瓶、布氏漏斗和抽气装置。

　　抽滤瓶用来承接滤液，其支管用耐压橡皮支管与抽气系统相连。布氏漏斗为瓷质漏斗，内有一多孔平板，漏斗颈插入单孔橡胶塞，与抽滤瓶相连。橡胶塞插入抽滤瓶内的部分不能超过塞子高度的2/3，还应注意漏斗颈下端的斜口要对着抽滤瓶的支管口。抽气装置常用真空泵或水流抽气泵（图1-47）。如要保留滤液，常在抽滤瓶和抽气泵之间安装一个安全瓶，以防止关闭抽气泵或水的流量突然变小时，由于抽滤瓶内压力低于外界大气压而使自来水反吸入抽滤瓶内，弄脏滤液。安装时要注意安全瓶上长管和短管的连接顺序，不要连反。

图 1-46　减压过滤装置

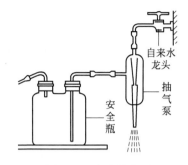

图 1-47　水流抽气泵

减压过滤操作步骤及注意事项如下。

① 按图装好仪器后，把滤纸平放入布氏漏斗内，滤纸以略小于漏斗的内径又能将全部小孔盖住为宜。用少量蒸馏水润湿滤纸后，打开真空泵，抽气使滤纸紧贴在漏斗瓷板上。

② 用倾析法先转移溶液，溶液量不得超过漏斗容量的 2/3。待溶液快流尽时再转移沉淀至滤纸的中间部分。抽滤时要注意观察抽滤瓶内液面高度，当液面快达到支管口位置时，应拔掉抽滤瓶上的橡皮管，从抽滤瓶上口倒出溶液，瓶的支管口只做连接调压装置用，不可从中倒出溶液，以免弄脏溶液。

③ 洗涤沉淀时，应拔掉抽滤瓶上的橡皮管，用少量洗涤剂润湿沉淀，再接上橡皮管，继续抽滤，如此重复几次。

④ 将沉淀尽量抽干，取下抽滤瓶，用手指或玻璃棒轻轻揭起滤纸边缘，取出滤纸和沉淀。滤液从抽滤瓶上口倒出。

⑤ 抽滤完毕或中间需停止抽滤时，应特别注意需先拔掉连接抽滤瓶和真空泵的橡胶管，然后关闭真空泵，以防倒吸。

⑥ 如过滤的溶液具有强酸性或强氧化性，为了避免溶液破坏滤纸，此时可用玻璃纤维或玻璃砂芯漏斗等代替滤纸。由于碱易与玻璃作用，所以玻璃砂芯漏斗不宜过滤强碱性溶液。

（3）离心分离法

当被分离的沉淀量很少时，应采用离心分离法，其操作简单而迅速。

实验室常用离心机如图 1-48 所示。操作时，把盛有混合物的离心管放入离心机的套管内，在此套管的相对位置上的空套管内放一同样大小的离心管，内装与混合物等体积的水，以保持转动平衡。然后缓慢启动离心机，逐渐加速，1～2min 后，关闭电源，使离心机自然停下。在任何情况下启动离心机都不能过快，也不能用外力强制停止，否则会使离心机损坏而且易发生危险。

由于离心作用，沉淀紧密地聚集于离心管的尖端，上方的溶液是澄清的。可用滴管小心地吸出上方清液（图 1-49），也可将其倾出。如果沉淀需要洗涤，可以加入少量的洗涤液，用玻璃棒充分搅动，再进行离心分离，如此重复操作两三遍即可。

图 1-48　离心机

图 1-49　吸出离心管上方清液

4.7   气体的制备与收集

4.7.1   气体的制备

在实验室制备气体，可以根据所使用反应原料的状态及反应条件，选择不同的方法和反应装置进行制备。在实验室制取少量无机气体，常采用图 1-50～图 1-52 等装置。实验室制气，按反应物状态及反应条件，可分为四大类：第一类为固体或固体混合物加热的反应，此类反应一般采用图 1-50 装置；第二类为不溶于水的块状或粒状固体与液体之间不需加热的反应，一般选用图 1-51 装置；第三类为固液之间需加热的反应，或粉末状固体与液体间不需加热的反应，应使用图 1-52 装置；第四类为液液之间的反应，此类反应常需加热，也是采用图 1-52 装置。

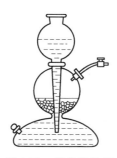
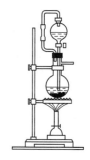

图 1-50   固体加热制气装置   图 1-51   启普发生器   图 1-52   气体发生装置

（1）固体加热制气装置

固体加热制气装置（图 1-50）一般由硬质试管、带导管的单孔橡胶塞、铁架台、加热灯具（酒精灯或煤气灯）组成。适用于在加热的条件下，利用固体反应物制备气体（如 O_2、NH_3、N_2 等）。使用本装置时应注意使管口稍向下倾斜，以免加热反应时，在管口冷凝的水滴倒流到试管灼烧处而使试管炸裂，同时注意要塞紧管口带导气管的橡皮塞以免漏气。加热反应时，需先用小火将试管均匀预热，然后再放到有试剂的部位加热使之反应。

（2）启普发生器

启普发生器适用于不溶于水的块状或粗粒状固体与液体试剂间的反应，在不需加热的条件下制备气体，如制备 H_2、CO_2、H_2S 等气体均可使用启普发生器。

启普发生器（图 1-53）由球形漏斗和葫芦状的玻璃容器两部分组成。葫芦体容器由球体和半球体构成，球体上侧有气体出口，出口配有玻璃旋塞（或单孔橡胶塞）导气管，利用玻璃旋塞来控制气体流量；葫芦体的下部有一液体出口，用于排放反应后的废液，反应时用磨口的玻璃塞或橡皮塞塞紧。如果用发生器制取有毒的气体（如 H_2S），应在球形漏斗口安装安全漏斗，在其弯管中加进少量水，水的液封作用可防止毒气逸出。

使用方法如下。

① 装配。将球形漏斗颈、半球部分的玻璃塞及导管的玻璃旋塞的磨砂部分均匀涂抹一薄层凡士林，插好漏斗和旋塞，旋转，使之装配严密，以免漏气（图 1-54）。

② 检查气密性。打开旋塞，从球形漏斗口注水至充满半球体，先检查半球体上的玻璃塞是否漏水，若漏水需重新处理塞子（取出擦干，重涂凡士林，塞紧后再检查）。若不漏水，

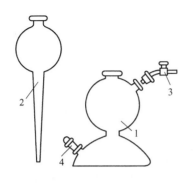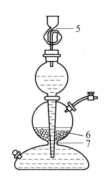

图 1-53　启普发生器

1—葫芦状容器；2—球形漏斗；3—旋塞导管；4—下口塞；5—安全漏斗；6—固体；7—玻璃棉

关闭导气管旋塞，继续加水，至水到达漏斗球体处时停止加水，记下水面的位置，静置片刻，然后观察水面是否下降。若水面不下降则表明不漏气（否则应找出漏气的原因并进行处理），可以使用。从下面废液出口处将水放掉，再塞紧下口塞，备用。

　　③ 加料。固体药品放在葫芦体的圆球部分，在发生器中间圆球的底部与球形漏斗下部之间的间隙处，先放些玻璃棉或橡胶垫圈，以免固体落入葫芦体下半球内。固体从球体上侧气体出口加入（图 1-55），加入量不宜超过球体的 1/3，否则固液反应激烈，液体很容易被气体从导管中冲出。然后塞好塞子。打开导气管上的旋塞，从球形漏斗加入液体，待加入的液体恰好与固体试剂接触，即关闭导气管的旋塞。加入的液体也不宜过多，以免产生的气体量太多而把液体从球形漏斗中压出去。

图 1-54　涂凡士林　　　　　　　　　　　　图 1-55　装填固体

　　④ 发生气体。制气时，打开旋塞，由于压力差，液体试剂会自动从漏斗下降进入中间球内与固体试剂接触而产生气体。停止制气时，关闭旋塞，由于中间球体内继续产生的气体使压力增大，将液体压到球形漏斗中，使固体与液体分离，反应自动停止。再需要气体时，只要打开旋塞即可，产生气流的速度可通过调节旋塞来控制。

　　⑤ 添加或更换试剂（图 1-56）。当发生器中的固体即将用完或液体试剂变得太稀时，反应逐渐变得缓慢，生成的气体量不足，此时应及时补充固体或更换液体试剂。更换或添加固体时，先关闭旋塞，让液体压入球形漏斗中使其与固体分离。然后，用橡皮塞将球形漏斗的上口塞紧，再取下气体出口的塞子，即可从侧口更换或添加固体。换液体时（或实验结束后要将废液倒掉），先关闭旋塞，用塞子将球形漏斗的上口塞紧。然后用左手握住葫芦状容器半球体上部凹进部位——即所谓"蜂腰"部位，把发生器先仰放在废液缸上，使废液出口朝上，再拔出下口塞子，倾斜发生器使下口对准废液缸，慢慢松开球形漏斗的橡胶塞，控制空气的进入速度，让废液缓缓流出。废液倒出后再把下口塞塞紧，重新从球形漏斗添加液体。中途更换液体试剂的另一种更方便和常用的方法是，先关闭旋塞，将液体压入球形漏斗中，

然后用移液管将用过的液体抽吸出来，也可用虹吸管吸出，吸出液体量视需要而定，吸出废液后，即可添加新液体。

⑥ 清理。实验结束，将废液倒入废液缸内（或回收）。剩余固体倒出洗净回收。将仪器洗净后，在球形漏斗与球形容器连接处以及液体出口与玻璃旋塞间夹上纸条，以免长时间不用，磨口粘在一起而无法打开。

使用注意事项如下。

① 启普发生器不能加热。

② 所用固体必须是颗粒较大或块状的。

③ 移动（或拿取）启普发生器时（图1-57），应用手握住"蜂腰"部位，绝不可用手提（握）球形漏斗，以免葫芦状容器脱落打碎，造成伤害事故。

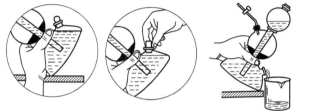

图 1-56 中途更换液体　　　　　　　　　图 1-57 移动启普发生器

（3）气体发生装置

气体发生装置（图1-52）由蒸馏烧瓶、分液漏斗、铁架台、加热灯具（酒精灯或煤气灯）组成。适用于固体与液体（或溶液）之间的反应，应将固体反应物放入烧瓶内，分液漏斗中则盛放液体反应物。该装置的使用一般注意各部分的固定和装置气密性检验；加热制气时需注意：液体加入要少量、多次逐渐加入，不得一下都加入；点燃加热灯具，一般先整个预热一下，然后再集中加热。反应所产生的气体由导气管导出。

4.7.2　气体的净化与干燥

在实验室通过化学反应制备的气体一般都带有水气、酸雾等杂质。如果要求得到纯净、干燥的气体，则必须对产生的气体进行净化。如果要求得到纯净、干燥的气体，则必须对产生的气体进行净化处理。通常将气体分别通过装有某些液体或固体试剂的洗气瓶、吸收干燥塔或U形管等装置（图1-58），通过化学反应或者吸收、吸附等物理化学过程将其去除，达到净化的目的。液体试剂使用洗气瓶，而固体试剂一般选用干燥塔或U形管。各种气体的性质及所含的杂质虽不同，但通常都是先除杂质与酸雾，再将气体干燥。

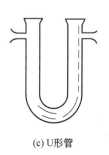

(a) 洗气瓶　　　　　(b) 干燥塔　　　　　(c) U形管　　　　　(d) 干燥管

图 1-58　气体洗涤与干燥仪器

去除气体中的杂质，要根据杂质的性质，选用合适的反应剂与其反应除去。还原性气体杂质可用适当氧化剂去除，如 SO_2、H_2S、AsH_3 等，可使用 $K_2Cr_2O_7$ 与 H_2SO_4 组成的铬酸溶液或 $KMnO_4$ 与 KOH 组成的碱性溶液洗涤而除掉；对于氧化性杂质，可选择适当的还原性试剂除去；而杂质 O_2 可通过灼热的还原 Cu 粉，或 $CrCl_2$ 的酸性溶液或 $Na_2S_2O_4$（保险粉）溶液被除掉；对于酸性、碱性的气体杂质宜分别选用碱、不挥发性酸液除掉（如 CO_2 可用 $NaOH$；NH_3 可用稀 H_2SO_4 溶液等）。此外，许多化学反应都可以用来去除气体杂质，如用 $Pb(NO_3)_2$ 溶液除掉 H_2S，用石灰水或 Na_2CO_3 溶液去除 CO_2，用 KOH 溶液去除 Cl_2 等等。

选择的除杂方法除了要满足除杂外，还应考虑所制备气体本身的性质。因此，相同的杂质，在不同的气体中，去除的方法可能不同。例如制备的 N_2 和 H_2S 气体中都含有 O_2 杂质，但 N_2 中的 O_2 可用灼热的还原 Cu 粉除去，而 H_2S 中的 O_2 应选用 $CrCl_2$ 酸性溶液洗涤的方法来去除。

气体中的酸雾可用水或玻璃棉除去。

除掉了杂质的气体，可根据气体的性质选择不同的干燥剂进行干燥。原则是：气体不能与干燥剂反应。如具有碱性的和还原性的气体（NH_3、H_2S 等），不能用浓 H_2SO_4 干燥。常用的气体干燥剂见附录 3。

第2部分 无机化学实验

实验1 仪器的认领、洗涤和干燥

【实验目的】

1. 熟悉化学实验室规则和要求。

2. 领取化学实验常用仪器，熟悉其名称、规格，了解使用注意事项。

3. 学习并练习常用仪器的洗涤和干燥方法。

【实验内容】

1. 玻璃仪器的清洗

① 振荡水洗，操作如图 2-1 所示。

(a) 烧瓶的振荡

(b) 试管的振荡

图 2-1　振荡水洗

② 内壁附有不易洗掉物质，可用毛刷刷洗（见图 2-2）。

(a) 倒废液

(b) 注入一半水

(c) 选好毛刷, 确定手拿部位

(d) 来回柔力刷洗

图 2-2　毛刷刷洗

③ 刷洗后，再用水连续振荡数次，必要时还应用蒸馏水淋洗三次。

注：玻璃仪器里如附有不溶于水的碱、碳酸盐、碱性氧化物等可先加 6mol·L⁻¹盐酸溶解，再用水冲洗。附有油脂等污物可先用热的纯碱液洗，然后用毛刷刷洗，也可用毛刷蘸少量洗衣粉刷洗。对于口小、管细的仪器，不便用刷子刷洗，可用少量王水或重铬酸盐洗液涮洗。用以上方法清洗不掉的污物可用较多王水或洗液浸泡，然后用水涮洗。

禁止如图 2-3 所示的操作。

用水或洗衣粉（肥皂）将领取的仪器洗涤干净，抽取两件交教师检查。将洗净后的仪器合理存放于实验柜内。洗涤标准如图 2-4 所示。

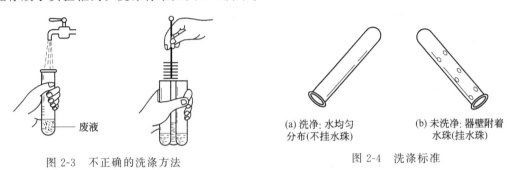

图 2-3　不正确的洗涤方法　　　　　　　　　图 2-4　洗涤标准

2. 玻璃仪器的干燥

干燥方法及所用设备如图 2-5 所示。

图 2-5　仪器的干燥

烤干两支试管并交给教师检查。

【思考题】

1. 指出图 2-3 操作中错误之处，为什么？
2. 烤干试管时为什么管口要略向下倾斜？

实验 2　溶液的配制

【实验目的】

1. 练习台秤的使用；学习移液管、吸管、容量瓶的使用方法。
2. 掌握溶液的质量分数、质量摩尔浓度、物质的量浓度的概念和计算方法。
3. 掌握一般溶液和特殊溶液的配制方法和基本操作。

【实验原理】

1. 用固体配制

（1）质量分数（w）
$$w = \frac{m_质}{m_液}, \quad m_质 = \frac{wV_剂}{1-w}$$

（2）质量摩尔浓度（b）
$$b = \frac{n_{溶质}(\text{mol})}{m_剂(\text{kg})}$$

如溶剂为水，则
$$b = \frac{m_质}{M_质\,V_剂 \times 1000\text{kg/m}^3}$$

$$m_质 = M_质\,bV_剂 \times 1000\text{kg/m}^3$$

（3）物质的量浓度（c）
$$c = \frac{n_质(\text{mol})}{V_液(\text{L})}$$

$$c = \frac{m_质}{M_质\,V_液} \qquad m_质 = cV_液\,M_质$$

2. 用液体或浓溶液配制

（1）质量分数（十字交叉法）　见理论课教材。

（2）物质的量浓度（c）

由 $c_1V_1 = c_2V_2$ 得 $c_2 = c_1\dfrac{V_1}{V_2}$
$$\begin{cases} c_1 = 浓溶液"物质的量"浓度 \\ c_1 = \dfrac{\rho \cdot w}{M_质} \times 1000 \end{cases}$$

如浓 H_2SO_4，$\rho = 1.84\text{g} \cdot \text{mL}^{-1}$，$w = 98\%$。

则 c 或 $c_2 = \dfrac{\rho \cdot w \cdot 1000 \cdot V_质}{M_质 \cdot V_液}$，或 $V_质 = \dfrac{c \cdot V_液 \cdot M_质}{\rho \cdot w \cdot 1000}$。

几种常用市售试剂的浓度如下：

浓 H_2SO_4 $c = 18.4\text{mol} \cdot \text{L}^{-1}$ 　　　浓 HCl $c = 12\text{mol} \cdot \text{L}^{-1}$

浓 H_3PO_4 $c = 14.7\text{mol} \cdot \text{L}^{-1}$ 　　　浓 HNO_3 $c = 16\text{mol} \cdot \text{L}^{-1}$

浓 HAc $c = 17.4\text{mol} \cdot \text{L}^{-1}$ 　　　浓氨水 $c = 14.8\text{mol} \cdot \text{L}^{-1}$

3. 配制方法

（1）粗略配制

固体配制溶液：称固体→溶解→定容（冷后）。

液体配制溶液：量浓溶液→混合→定容（冷后）。

（2）准确配制

固体配制溶液：精确称量→溶解→转移→定容→装瓶。

液体配制溶液：移取浓液→混合→定容→装瓶。

【仪器及试剂】

试剂：$CuSO_4 \cdot 5H_2O$、$NaOH$、浓 H_2SO_4、浓 HAc。

仪器：台秤（称固体）、量筒（量取液体）、烧杯、搅棒、分析天平或电子天平（称固体）、吸量管（量取液体）、移液管、容量瓶。

【实验内容】

1. 用 $CuSO_4 \cdot 5H_2O$ 配制 $0.2\ mol \cdot L^{-1}$ $CuSO_4$ 溶液 50mL（$M_{CuSO_4 \cdot 5H_2O} = 249.68$）

计算：$m_{CuSO_4 \cdot 5H_2O} = 0.2 \times \dfrac{50}{1000} \times 249.68\,g = 2.5\,g$

配制：研细→称量（用台秤）→溶解→定容（量筒、量杯、带刻度烧杯均可）→倒入指定容器中。

2. 配制 $2\ mol \cdot L^{-1}$ $NaOH$ 溶液 100mL

计算：$m_{NaOH} = cVM = 2 \times \dfrac{100}{1000} \times 40\,g = 8\,g$

配制：称量（20mL 小烧杯）→溶解→冷却→定容→回收

3. 用浓 H_2SO_4 配制 $3\ mol \cdot L^{-1}$ H_2SO_4 溶液 50mL

计算：$c_2 = c_1 \dfrac{V_1}{V_2}$ $V_{H_2SO_4} = V_2 \dfrac{c_2}{c_1} = 50 \times \dfrac{3}{18.4}\,mL = 8.3\,mL$

配制：量取浓 H_2SO_4（用 10mL 量筒）→混合（入适量水中）→冷却→定容→回收

4. 由 $2\ mol \cdot L^{-1}$ HAc 溶液配制 50mL $0.200\ mol \cdot L^{-1}$ HAc 溶液

计算：$c_1V_1 = c_2V_2$ $V_1 = V_2 \dfrac{c_2}{c_1} = 50 \times \dfrac{0.200}{2.000}\,mL = 5.00\,mL$

配制：吸取浓 HAc 5.0mL（用 5.0mL 吸量管）→注入容量瓶→稀释→摇晃→定容→回收

【思考题】

1. 简要说明实验内容中的计算和溶液的配制过程。

2. 用容量瓶配制溶液时，容量瓶是否需要烘干？需用被稀释溶液润洗吗？为什么？

3. 怎样洗涤移液管？移液管在使用前为什么要用被吸取溶液润洗？

4. 某同学在配制溶液时，用分析天平称取了硫酸铜晶体的质量，用量筒取水配成溶液，此操作对否？为什么？

实验 3　醋酸解离度和解离常数的测定

【实验目的】

1. 测定醋酸的解离度和解离常数。

2. 进一步掌握滴定原理、滴定操作及正确判定终点。

3. 学会酸式滴定管及 pHS-3C 型 pH 计的正确使用。

【实验原理】

醋酸（CH_3COOH 或 HAc）是弱电解质，在水溶液中存在以下解离平衡：

$$HAc \rightleftharpoons H^+ + Ac^-$$

其解离平衡关系式是

$$K_a = [H^+][Ac^-]/[HAc]$$

设醋酸的起始浓度为 c，平衡时 H^+、Ac^-、HAc 的浓度分别为 $[H^+]$、$[Ac^-]$、$[HAc]$。解离度为 α，解离常数为 K_a，当解离平衡时，有

$$[H^+] = [Ac^-]$$
$$[HAc] = c - [H^+]$$

根据解离度定义得：

$$\alpha = \frac{[H^+]}{c} \times 100\%$$

则：

$$K_a = \frac{[H^+]^2}{(c - [H^+])} = \frac{c\alpha^2}{1 - \alpha}$$

当 $\alpha < 5\%$ 时，$c - [H^+] \approx c$。

则：

$$K_a = \frac{[H^+]^2}{c}$$

用 pH 计测定醋酸溶液的 pH 值，根据：

$$pH = -\lg[H^+]$$

求得：

$$[H^+] = 10^{-pH}$$

将 $[H^+]$ 代入 α、K_a 就可以计算它的解离度和解离常数。

【仪器及试剂】

试剂：HAc（$0.1000 mol \cdot L^{-1}$）、滤纸、标准缓冲溶液。

仪器：pHS-3C 型 pH 计、容量瓶（50mL，5 个）、酸式滴定管（50mL，1 支）。

【实验内容】

1. 精确配制不同浓度的醋酸溶液

用移液管或酸式滴定管分别取 25.00mL、10.00mL、5.00mL、2.50mL 已知准确浓度的醋酸溶液，把它们分别加入 50mL 容量瓶中。再用蒸馏水稀释到刻度，摇匀，并计算出这几种醋酸溶液的准确浓度。

2. 测定醋酸溶液的 pH 值，并计算醋酸的解离度和解离常数

用 pH 计测定四种醋酸溶液的 pH 值。把以上四种不同浓度的醋酸溶液及原始醋酸溶液分别加入 5 只洁净干燥的 100mL 烧杯中，按照由稀到浓的次序在 pH 计上分别测定它们的 pH 值，记录数据和室温。

【实验数据处理】

计算出实验室温度时，HAc 的解离度和解离常数，求算相对误差并分析产生的原因。

编号	V_{HAc}/mL	c_{HAc}/(mol·L^{-1})	pH	$[H^+]$/(mol·L^{-1})	α	K_a
1	2.50					
2	5.00					
3	10.00					
4	25.00					
5	50.00					

【注意事项】

1. 测定醋酸溶液 pH 值用的小烧杯，必须洁净、干燥，否则，会影响醋酸起始浓度，以及所测得的 pH 值。

2. 吸量管的使用与移液管类似，但如果所需液体的量小于吸量管体积时，溶液仍需吸至刻度线，然后放出所需量的液体。不可只吸取所需量的液体，然后完全放出。

3. pH 计使用时按浓度由低到高的顺序测定 pH 值，每次测定完毕，都必须用蒸馏水将电极头清洗干净，并用滤纸擦干。

【思考题】

1. 不同浓度的 HAc 溶液的解离度 α 是否相同，为什么？

2. 测定不同浓度 HAc 溶液的 pH 值时，为什么按由稀到浓的顺序？

3. 醋酸的解离度和解离平衡常数是否受醋酸浓度变化的影响？

4. 若所用醋酸溶液的浓度极稀，是否还可用公式 $K_a = \dfrac{[H^+]^2}{c}$ 计算解离常数？

实验 4　粗食盐的提纯

【实验目的】

1. 学会用化学方法提纯粗食盐。

2. 熟练台秤和酒精灯的使用。

3. 熟练常压过滤、减压过滤、蒸发浓缩、结晶和干燥等基本操作。

【实验原理】

粗食盐中常含有 K^+、Ca^{2+}、Mg^{2+}、Ba^{2+}、SO_4^{2-} 等可溶性杂质离子，还含有泥沙等不溶性杂质。

不溶性的杂质可用溶解、过滤方法除去。可溶性的 Ca^{2+}、Mg^{2+}、SO_4^{2-} 杂质离子，可加入适当的试剂生成沉淀而除去。

① 在粗食盐溶液中加入稍过量的 $BaCl_2$ 溶液，生成 $BaSO_4$ 沉淀。

$$SO_4^{2-} + Ba^{2+} =\!=\!= BaSO_4 \downarrow$$

过滤除去 $BaSO_4$ 沉淀。

② 在滤液中加入适量 NaOH 和 Na_2CO_3 溶液。Ca^{2+}、Mg^{2+} 和过量的 Ba^{2+} 转化为沉淀。

$$Ca^{2+} + CO_3^{2-} =\!=\!= CaCO_3 \downarrow$$
$$Mg^{2+} + 2OH^- =\!=\!= Mg(OH)_2 \downarrow$$
$$Ba^{2+} + CO_3^{2-} =\!=\!= BaCO_3 \downarrow$$

过滤除去沉淀。

③ 向所得滤液中加入盐酸除去过量的 NaOH 和 Na_2CO_3，pH 值调节至 5～6 之间。

④ 粗食盐中所含的 K^+ 与上述沉淀剂不起作用，仍留在滤液中。由于 KCl 的溶解度比 NaCl 的大，随温度的变化较大，且含量少，在蒸发浓缩食盐滤液时，NaCl 结晶析出，KCl 仍留在母液中而被除掉。

【仪器及试剂】

试剂：粗食盐、Na_2CO_3（$1mol \cdot L^{-1}$）、NaOH（$2mol \cdot L^{-1}$）、IICl（$2mol \cdot L^{-1}$）、$BaCl_2$

（1mol·L^{-1}）、(NH$_4$)$_2$C$_2$O$_4$（0.5mol·L^{-1}）、镁试剂、滤纸、pH 试纸。

仪器：托盘天平、烧杯、量筒、普通漏斗、漏斗架、吸滤瓶、布氏漏斗、三角架、石棉网、表面皿、蒸发皿、水泵、铁架台、试管。

【实验内容】

1. 粗食盐的提纯

（1）粗食盐的溶解

在台秤上称量 8.0g 粗食盐，放入 250mL 烧杯中，加 30mL 去离子水。加热、搅拌，使粗盐溶解。

（2）SO$_4^{2-}$ 的除去

在煮沸的食盐溶液中，边搅拌边逐滴加入 1.0mol·L^{-1}BaCl$_2$ 溶液（约 2mL）。为了检验沉淀是否完全，可将酒精灯移开，待沉淀下降后，在上层清液中加入 1～2 滴 BaCl$_2$ 溶液，观察是否有浑浊现象，如无浑浊，说明 SO$_4^{2-}$ 已沉淀完全，否则要继续加入 BaCl$_2$ 溶液，直到沉淀完全为止。然后小火加热 5min，以使沉淀颗粒长大而便于过滤。常压过滤，保留溶液，弃去沉淀。

（3）Ca^{2+}、Mg^{2+}、Ba^{2+} 等离子的除去

滤液中加入 2.0mol·L^{-1} NaOH 溶液 1mL 和 1.0mol·L^{-1} Na$_2$CO$_3$ 溶液 3mL，加热至沸。同上法，用 Na$_2$CO$_3$ 溶液检查沉淀是否完全。继续煮沸 5min。用普通漏斗过滤，保留滤液，弃去沉淀。

（4）调节溶液的 pH 值

在滤液中加入 2.0mol·L^{-1} HCl 溶液，充分搅拌，并用玻璃棒蘸取滤液在 pH 试纸上试验，直到溶液呈微酸性（pH＝5～6）为止。

（5）蒸发浓缩

将滤液转移到蒸发皿中，小火加热，蒸发浓缩至溶液呈稀粥状为止，但切不可将溶液蒸干。

（6）结晶、减压过滤、干燥

让浓缩液冷却至室温。用布氏漏斗减压过滤。再将晶体转移到蒸发皿中，在石棉网上用小火加热，以干燥之。冷却后，称其质量，计算产率。

2. 产品纯度的检验

将粗盐和提纯后的食盐各 1.0g，分别溶解于 5mL 去离子水中，然后各分成三份，盛于试管中。按下面的方法对照检验它们的纯度。

（1）SO$_4^{2-}$ 的检验

加入 1.0mol·L^{-1} BaCl$_2$ 溶液 2 滴，观察有无白色的 BaSO$_4$ 沉淀生成。

（2）Ca^{2+} 的检验

加入 0.5mol·L^{-1} (NH$_4$)$_2$C$_2$O$_4$ 溶液 2 滴，观察有无白色的 CaC$_2$O$_4$ 沉淀生成。

（3）Mg^{2+} 的检验

加入 2.0mol·L^{-1} NaOH 溶液 2～3 滴，使呈碱性，再加入几滴镁试剂（对硝基偶氮间苯二酚）。如有蓝色沉淀生成，表示 Mg^{2+} 存在。

【思考题】

1. 过量的 Ba^{2+} 如何除去？

2. 粗盐提纯过程中，为什么要加 HCl 溶液？

3. 怎样检验 Ca^{2+}，Mg^{2+}？

实验 5　转化法制备硝酸钾

【实验目的】

1. 学习用转化法制备硝酸钾晶体；
2. 学习溶解、过滤、间接热浴和重结晶操作。

【实验原理】

工业上常采用转化法制备硝酸钾晶体，其反应如下：

$$NaNO_3 + KCl \Longrightarrow NaCl + KNO_3$$

该反应是可逆的。根据氯化钠的溶解度随温度变化不大，氯化钾、硝酸钠和硝酸钾在高温时具有较大或很大的溶解度而温度降低时溶解度明显减小（如氯化钾、硝酸钠）或急剧下降（如硝酸钾）的这种差别（表 2-1），将一定浓度的硝酸钠和氯化钾混合液加热浓缩，当温度达 118～120℃时，由于硝酸钾溶解度增加很多，达不到饱和，不析出；而氯化钠的溶解度增加甚少，随浓缩、溶剂的减少，氯化钠析出。通过热过滤滤除氯化钠，将此溶液冷却至室温，即有大量硝酸钾析出，氯化钠仅有少量析出，从而得到硝酸钾粗产品。再经过重结晶提纯，可得到纯品。

表 2-1　硝酸钾等四种盐在不同温度下的溶解度　　　单位：g/100gH₂O

温度/℃	0	10	20	30	40	60	80	100
KNO₃	13.3	20.9	31.6	45.8	63.9	110.0	169	246
KCl	27.6	31.0	34.0	37.0	40.0	45.5	51.1	56.7
NaNO₃	73	80	88	96	104	124	148	180
NaCl	35.7	35.8	36.0	36.3	36.6	37.3	38.4	39.8

【仪器及试剂】

试剂：硝酸钠（工业级）、氯化钾（工业级）、$AgNO_3$（0.1mol·L^{-1}）、硝酸（5mol·L^{-1}）、氯化钠标准溶液、甘油。

仪器：量筒、烧杯、台秤、石棉网、三角架、铁架台、热滤漏斗、布氏漏斗、吸滤瓶、真空泵、瓷坩埚、坩埚钳、温度计（200℃）、比色管（25mL）、硬质试管、烧杯（500mL）。

【实验内容】

1. 溶解蒸发

称取 22g $NaNO_3$ 和 15g KCl，放入一只硬质试管中，加 35mL H_2O。将试管置于甘油浴中加热（试管用铁夹垂直地固定在铁架台上，用一只 500mL 烧杯盛甘油至大约烧杯容积的 3/4 作为甘油浴，试管中溶液的液面要在甘油浴的液面之下，并在烧杯外对准试管内液面高度处做一标记）。甘油浴温度可达 140～180℃，注意控制温度，不要使其热分解，产生刺激性的丙烯醛。

待盐全部溶解后，继续加热，使溶液蒸发至原有体积的 2/3。这时试管中有晶体析出（是什么？），趁热用热滤漏斗过滤。滤液盛于小烧杯中自然冷却。随着温度的下降，即有结晶析出（是什么？）。注意，不要骤冷，以防结晶过于细小。用减压法过滤，尽量抽干。

KNO_3 晶体水浴烤干后称重。计算理论产量和产率。

2. 粗产品的重结晶

① 除保留少量（0.1～0.2g）粗产品供纯度检验外，按粗产品：水＝2：1（质量比）的比例，将粗产品溶于蒸馏水中。

② 加热、搅拌，待晶体全部溶解后停止加热。若溶液沸腾时，晶体还未全部溶解，可再加极少量蒸馏水使其溶解。

③ 待溶液冷却至室温后抽滤，水浴烘干，得到纯度较高的硝酸钾晶体，称量。

3. 纯度检验

（1）定性检验

分别取 0.1g 粗产品和一次重结晶得到的产品放入两支小试管中，各加入 2mL 蒸馏水配成溶液。在溶液中分别滴入 1 滴 $5mol \cdot L^{-1}$ HNO_3 酸化，再各滴入 $0.1mol \cdot L^{-1}$ $AgNO_3$ 溶液 2 滴，观察现象，进行对比，重结晶后的产品溶液应为澄清。

（2）根据试剂级的标准检验试样中总氯量

称取 1g 试样（称准至 0.01g），加热至 400℃使其分解，于 700℃灼烧 15min，冷却，溶于蒸馏水中（必要时过滤），稀释至 25mL，加 2mL $5mol \cdot L^{-1}$ HNO_3 和 $0.1mol \cdot L^{-1}$ $AgNO_3$ 溶液，摇匀，放置 10min。所呈浊度不得大于标准。

标准是取下列质量的 Cl^-：优级纯 0.015mg；分析纯 0.030mg；化学纯 0.070mg，稀释至 25mL，与同体积样品溶液同时同样处理（氯化钠标准溶液依据 GB/T 602—2002 配制）。

本实验要求重结晶后的硝酸钾晶体含氯量达化学纯为合格，否则应再次重结晶，直至合格。最后称量，计算产率，并与前几次的结果进行比较。

【思考题】

1. 何谓重结晶？本实验都涉及哪些基本操作，应注意什么？

2. 制备硝酸钾晶体时，为什么要把溶液进行加热和热过滤？

【附注】

1. 根据中华人民共和国国家标准（GB/T 647—2011）化学试剂硝酸钾中杂质最高含量（指标以 $w/\%$ 计）。

名　　称	优级纯	分析纯	化学纯
澄清度试验	合格	合格	合格
水不溶物	0.002	0.004	0.006
干燥失重	0.2	0.2	0.5
总氯量（以 Cl 计）	0.0015	0.003	0.007
硫酸盐（SO_4^{2-}）	0.002	0.005	0.01
亚硝酸盐及碘酸盐（以 NO_2 计）	0.0005	0.001	0.002
磷酸盐（PO_4^{3-}）	0.0005	0.001	0.001
钠（Na）	0.02	0.02	0.05
镁（Mg）	0.001	0.002	0.004
钙（Ca）	0.002	0.004	0.006
铁（Fe）	0.0001	0.0002	0.0005
重金属（以 Pb 计）	0.0003	0.0005	0.001

2. 氯化物标准溶液的配制（1mL 含 0.1mg Cl⁻）：称取 0.165g 于 500～600℃灼烧至恒重之氯化钠，溶于水，移入 1000mL 容量瓶中，稀释至刻度。

3. 检查产品含氯总量时，要求在 700℃灼烧。这步操作需在马弗炉中进行。需要注意的是，当灼烧物质达到灼烧要求后，先关掉电源，待温度降至 200℃以下时，可打开马弗炉，用长柄坩埚钳取出装试样的坩埚，放在石棉网上，切忌用手拿。

实验 6　二氧化碳相对分子质量的测定

【实验目的】

1. 学习气体相对密度法测定相对分子质量的原理和方法；
2. 加深理解理想气体状态方程式和阿伏加德罗定律；
3. 掌握实验室中制气装置的安装、操作方法，学会使用启普发生器。

【实验原理】

根据阿伏加德罗定律，在同温同压下，同体积的任何气体含有相同数目的分子。

对于 p、V、T 相同的 A、B 两种气体。若以 m_A、m_B 分别代表 A、B 两种气体的质量，M_A、M_B 分别代表 A、B 两种气体的摩尔质量（单位取 g·mol⁻¹ 时其数值等于相对分子质量）。其理想气体状态方程式分别为

气体 A：
$$pV = \frac{m_A}{M_A}RT$$

气体 B：
$$pV = \frac{m_B}{M_B}RT$$

可得
$$\frac{m_A}{m_B} = \frac{M_A}{M_B}$$

结论：在同温同压下，同体积的两种气体的质量之比等于其摩尔质量之比。

应用上述结论，以同温同压下，同体积二氧化碳与空气相比较。因为已知空气的平均相对分子质量为 29.0，要测得二氧化碳与空气在相同条件下的质量，便可根据上式求出二氧化碳的摩尔质量。

即
$$M_{CO_2} = \frac{m_{CO_2}}{m_{空气}} \times 29.0 \text{g·mol}^{-1}$$

式中　29.0——空气的平均摩尔质量。

式中体积为 V 的二氧化碳质量 m_{CO_2} 可直接从分析天平上称出。同体积空气的质量可根据实验时测得的大气压（p）和温度（T），利用理想气体状态方程式计算得到。

【仪器及试剂】

试剂：石灰石、无水氯化钙、HCl(6mol·L⁻¹)、NaHCO₃(1mol·L⁻¹)、CuSO₄（1mol·L⁻¹）。

材料：玻璃棉、玻璃管、橡皮管。

仪器：分析天平、启普气体发生器、台秤、洗气瓶、干燥管、磨口锥形瓶。

【实验内容】

1. 二氧化碳的制备

① 装配启普发生器，检验其气密性。

② 按图 2-6 安装制取二氧化碳的实验装置，安装时遵循"自下而上，从左到右"的原则。装好后检验装置气密性，如气密性良好，即可加入药品。

注意：石子要敲碎到能装入启普发生器为准；石子用水或很稀的盐酸洗涤以除去石子表面粉末。因石灰石中含有硫，所以在气体发生过程中有硫化氢、酸雾、水汽产生。此时可通过硫酸铜溶液、碳酸氢钠溶液以及无水氯化钙除去硫化氢、酸雾和水汽。

③ 取一洁净而干燥的磨口锥形瓶，并在分析天平上称量（空气＋瓶＋瓶塞）的质量。在启普气体发生器中产生二氧化碳气体，经过净化、干燥后导入锥形瓶中。由于二氧化碳气体略重于空气，所以必须把导管插入瓶底。等 4～5min 后，轻轻取出导气管，用塞子塞住瓶口在分析天平上称量二氧化碳、瓶、塞的总质量。重复通二氧化碳气体和称量的操作，直到前后两次称量的质量相符为止（两次质量可相差 1～2mg）。最后在瓶内装满水、塞好塞子，在台秤上准确称量。

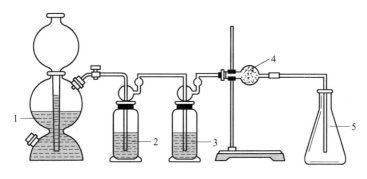

图 2-6　制取、净化和收集 CO_2 装置图

1—石灰石＋稀盐酸；2—$CuSO_4$ 溶液；3—$NaHCO_3$ 溶液体；4—无水氯化钙；5—锥形瓶

2. 数据记录和结果处理

室温 $t/℃$ ＿＿＿＿＿＿＿　　大气压 p/Pa ＿＿＿＿＿＿＿

（空气＋瓶＋塞）的质量（m_A）＿＿＿＿＿＿＿ g

（CO_2＋瓶＋塞）的质量（m_B）（1）＿＿＿＿＿＿ g；（2）＿＿＿＿＿＿ g；（3）＿＿＿＿＿＿ g……

（水＋瓶＋塞）的质量（m_C）＿＿＿＿ g　　瓶的容积 $V=\dfrac{m_C-m_A}{1.000g\cdot mL^{-1}}=$ ＿＿＿＿ mL

$m_{空气}=\dfrac{p_{大气}V\times 29.00}{RT}=$ ＿＿＿＿＿ g　　瓶和塞子的质量 $m_D=m_A-m_{空气}=$ ＿＿＿＿＿ g

二氧化碳的质量 $m_{CO_2}=m_B-m_D$ ＿＿＿＿ g　　二氧化碳的摩尔质量 M_{CO_2} ＿＿＿＿ $g\cdot mol^{-1}$

相对误差＝$\dfrac{测定值-理论值}{理论值}\times 100\%$　　相对误差为±5% 即可

3. 注意事项

① 实验后废酸液倒入指定大烧杯内，石子倒入托盘内。

② 实验最后一组要洗净启普发生器、洗气瓶及分液漏斗，将磨砂瓶口及旋塞处擦干并垫纸置于仪器橱内保存。

【思考题】

1. 为什么二氧化碳气体、瓶、塞的总质量要在分析天平上称量，而水＋瓶＋塞的质量可以在台秤上称量？两者的要求有何不同？

2. 指出实验装置图中各部分的作用并写出有关反应方程式。

实验 7　化学反应速率与活化能

【实验目的】

1. 了解浓度、温度和催化剂对反应速率的影响；

2. 测定过二硫酸铵与碘化钾反应的反应速率，并计算反应级数、反应速率常数和反应的活化能。

【实验原理】

在水溶液中过二硫酸铵和碘化钾发生如下反应：

$$(NH_4)_2S_2O_8 + 3KI = (NH_4)_2SO_4 + K_2SO_4 + KI_3$$

$$S_2O_8^{2-} + 3I^- = 2SO_4^{2-} + I_3^-$$

其反应的微分速率方程可表示为

$$v = k c_{S_2O_8^{2-}}^m c_{I^-}^n$$

式中，v 是在此条件下反应的瞬时速率。若 $c_{S_2O_8^{2-}}$、c_{I^-} 是起始浓度，则 v 表示初速率 (v_0)。k 是反应速率常数，m 与 n 之和是反应级数。

实验能测定的速率是在一段时间间隔（Δt）内反应的平均速率 $\bar{v}$。如果在 Δt 时间内 $S_2O_8^{2-}$ 浓度的改变为 $\Delta c_{S_2O_8^{2-}}$，则平均速率

$$\bar{v} = \frac{-\Delta c_{S_2O_8^{2-}}}{\Delta t}$$

近似地用平均速率代替初速率：

$$v_0 = k c_{S_2O_8^{2-}}^m c_{I^-}^n = \frac{-\Delta c_{S_2O_8^{2-}}}{\Delta t}$$

为了能够测出反应在 Δt 时间内 $S_2O_8^{2-}$ 浓度的改变值，需要在混合 $(NH_4)_2S_2O_8$ 和 KI 溶液的同时，加入一定体积已知浓度的 $Na_2S_2O_3$ 溶液和淀粉溶液，这样在反应进行同时还进行下面的反应：

$$2S_2O_3^{2-} + I_3^- = S_4O_6^{2-} + 3I^-$$

这个反应进行得非常快，几乎瞬间即可完成，而过二硫酸铵反应比此反应慢得多。因此，由反应生成的 I_3^- 立即与 $S_2O_3^{2-}$ 反应，生成无色的 $S_4O_6^{2-}$ 和 I^-。所以在反应的开始阶段看不到碘与淀粉反应而显示的特有蓝色。但是一当 $Na_2S_2O_3$ 耗尽，继续生成的 I_3^- 就与淀粉反应而呈现出特有的蓝色。

由于从反应开始到蓝色出现标志着 $S_2O_3^{2-}$ 全部耗尽，所以从反应开始到出现蓝色这段时间 Δt 里，$S_2O_3^{2-}$ 浓度的改变 $\Delta c_{S_2O_3^{2-}}$ 实际上就是 $Na_2S_2O_3$ 的起始浓度。

从反应式看出，$S_2O_8^{2-}$ 减少的量为 $S_2O_3^{2-}$ 减少量的一半，所以 $S_2O_8^{2-}$ 在 Δt 时间内减少的量可以从下式求得：

$$\Delta c_{S_2O_8^{2-}} = \frac{c_{S_2O_3^{2-}}}{2}$$

实验中，通过改变反应物 $S_2O_8^{2-}$ 和 I^- 的初始浓度，测定消耗等量的 $S_2O_8^{2-}$ 的物质的量

浓度 $\Delta c_{S_2O_8^{2-}}$ 所需要的不同的时间间隔（Δt），计算得到反应物不同初始浓度的初速率，进而确定该反应的微分速率方程和反应速率常数。

【仪器及试剂】

　　试剂：$(NH_4)_2S_2O_8$（0.20mol·L^{-1}）、KI（0.20mol·L^{-1}）、$Na_2S_2O_3$（0.010mol·L^{-1}）、KNO_3（0.20mol·L^{-1}）、$(NH_4)_2SO_4$（0.20mol·L^{-1}）、$Cu(NO_3)_2$（0.02mol·L^{-1}）、淀粉溶液（0.4%）、冰。

　　仪器：烧杯、大试管、量筒、秒表、温度计。

【实验内容】

　　1. 浓度对化学反应速率的影响

　　在室温条件下进行表 2-2 中编号 Ⅰ 的实验。用量筒分别量取 20.0mL 0.20mol·L^{-1} KI 溶液、8.0mL 0.010mol·L^{-1} $Na_2S_2O_3$ 溶液和 2.0mL 0.4%淀粉溶液，全部加入烧杯中，混合均匀。然后用另一量筒取 20.0mL 0.20mol·L^{-1} $(NH_4)_2S_2O_8$ 溶液，迅速倒入上述混合液中，同时启动秒表，并不断搅动，仔细观察。当溶液刚出现蓝色时，立即按停秒表，记录反应时间和室温。

表 2-2　浓度对反应速率的影响　　　　　　　　室温_____

	实验编号	Ⅰ	Ⅱ	Ⅲ	Ⅳ	Ⅴ
试剂用量/mL	0.20mol·L^{-1} $(NH_4)_2S_2O_8$	20.0	10.0	5.0	20.0	20.0
	0.20mol·L^{-1} KI	20.0	20.0	20.0	10.0	5.0
	0.10mol·L^{-1} $Na_2S_2O_3$	8.0	8.0	8.0	8.0	8.0
	0.4%淀粉溶液	2.0	2.0	2.0	2.0	2.0
	0.20mol·L^{-1} KNO_3	0	0	0	10.0	15.0
	0.20mol·L^{-1} $(NH_4)_2SO_4$	0	10.0	15.0	0	0
混合液中反应物起始浓度/(mol·L^{-1})	$(NH_4)_2S_2O_8$					
	KI					
	$Na_2S_2O_3$					
反应时间 Δt/s						
$\Delta c_{S_2O_8^{2-}}$						
反应速率 v						

　　用同样方法按照表 2-2 的用量进行编号 Ⅱ、Ⅲ、Ⅳ、Ⅴ 的实验。

　　2. 温度对化学反应速率的影响

　　按表 2-2 实验 Ⅳ 中的药品用量，将装有碘化钾、硫代硫酸钠、硝酸钾和淀粉混合溶液的烧杯和装有过二硫酸铵溶液的小烧杯，放入冰水浴中冷却，待它们温度冷却到低于室温 10℃时，将过二硫酸铵溶液迅速加到碘化钾等混合溶液中，同时计时并不断搅动，当溶液刚出现蓝色时，记录反应时间。此实验编号记为 Ⅵ。

　　同样方法在热水浴中进行高于室温 10℃ 的实验。此实验编号记为 Ⅷ。

　　将此两次实验数据 Ⅵ、Ⅷ 和实验 Ⅳ 的数据记入表 2-3 中进行比较。

　　3. 催化剂对化学反应速率的影响

　　按表 2-2 实验 Ⅳ 的用量，把碘化钾、硫代硫酸钠、硝酸钾和淀粉溶液加到 150mL 烧杯中，再加入 2 滴 0.02mol·L^{-1} $Cu(NO_3)_2$ 溶液，搅匀，然后迅速加入过二硫酸铵溶液，搅动、计时。将此实验的反应速率与表 2-2 中实验Ⅳ的反应速率定性地进行比较可得到什么结论？

表 2-3　温度对化学反应速率的影响

实验编号	Ⅵ	Ⅳ	Ⅷ
反应温度 t/℃			
反应时间 Δt/s			
反应速率 v			

4. 数据处理

（1）反应级数和反应速率常数的计算

将反应速率表示式 $v = kc^m(S_2O_8^{2-})c^n(I^-)$ 两边取对数：

$$\lg v = m\lg \Delta c_{S_2O_8^{2-}} + n\lg c_{I^-} + \lg k$$

当 I^- 浓度 $c(I^-)$ 不变时（即实验Ⅰ、Ⅱ、Ⅲ），以 $\lg v$ 对 $\lg c_{S_2O_8^{2-}}$ 作图，可得一直线，斜率即为 m。同理，当 $c_{S_2O_8^{2-}}$ 不变时（即实验Ⅰ、Ⅳ、Ⅴ），以 $\lg v$ 对 $\lg c_{I^-}$ 作图，可求得 n，此反应的级数则为 $m+n$。

将求得的 m 和 n 代入 $v = kc_{S_2O_8^{2-}}^m c_{I^-}^n$ 即可求得反应速率常数 k，将数据填入表 2-4。

表 2-4　反应速率常数的测定

实验编号	Ⅰ	Ⅱ	Ⅲ	Ⅳ	Ⅴ
$\lg v$					
$\lg c_{S_2O_8^{2-}}$					
$\lg c_{I^-}$					
m					
n					
反应速率常数 k					

（2）反应活化能的计算

反应速率常数 k 与反应温度 T 有以下关系：

$$\lg k = A - \frac{E_a}{2.30RT}$$

式中，E_a 为反应的活化能，R 为摩尔气体常数，T 为热力学温度。测出不同温度时的 k 值，以 $\lg k$ 对 $1/T$ 作图，可得一直线，由直线斜率（等于 $-E_a/2.30RT$）可求得反应的活化能 E_a，将数据填入表 2-5。

表 2-5　活化能的测定

实验编号	Ⅵ	Ⅳ	Ⅷ
反应速率常数 k			
$\lg k$			
$1/T$			
反应活化能 E			

本实验活化能测定值的误差不超过 10%（文献值：51.8kJ·mol^{-1}）。

【思考题】

1. 下列操作对实验有何影响？

① 取用试剂的量筒没有分开专用；

② 先加（NH$_4$）$_2$S$_2$O$_8$ 溶液，最后加 KI 溶液；

③（NH$_4$）$_2$S$_2$O$_8$ 溶液慢慢加入 KI 等混合溶液中。

2. 为什么在实验 II、III、IV、V 中，分别加入 KNO$_3$ 或（NH$_4$）$_2$SO$_4$ 溶液？

3. 若不用 S$_2$O$_8^{2-}$，而用 I$^-$ 或 I$_3^-$ 的浓度变化来表示反应速率，则反应速率常数 k 是否一样？

4. 化学反应的反应级数是怎样确定的？用本实验的结果加以说明。

【附注】

1. 本实验对试剂有一定的要求。碘化钾溶液应为无色透明溶液，不宜使用有碘析出的浅黄色溶液。过二硫酸铵溶液要新配制的，因为时间长了过二硫酸铵易分解。如所配制过二硫酸溶液的 pH 小于 3，说明该试剂已有分解，不适合本实验使用。所用试剂中如混有少量 Cu^{2+}、Fe^{3+} 等杂质，对反应会有催化作用，必要时需滴入几滴 0.10mol·L^{-1} EDTA 溶液。

2. 在做温度对化学反应速率影响的实验时，如室温低于 10℃，可将温度条件改为室温、高于室温 10℃、高于室温 20℃ 三种情况进行。

实验 8　硫酸亚铁铵的制备及纯度分析

【实验目的】

1. 学习硫酸亚铁铵的制备方法。

2. 练习水浴加热、减压过滤、结晶等基本操作。

3. 学习用目视比色法检验产品的质量等级。

【实验原理】

硫酸亚铁铵（NH$_4$）$_2$Fe（SO$_4$）$_2$·6H$_2$O，俗称莫尔盐，为浅绿色晶体，易溶于水，难溶于乙醇。在空气中时由于硫酸亚铁铵晶体中的亚铁离子在空气中比其他一般的亚铁盐稳定，不易被氧化，所以在许多化学实验里，硫酸亚铁铵可以作为基准物质，用来直接配制标准溶液。在定量分析中常用于配制亚铁离子的标准溶液。

常用的制备方法是先用铁与稀硫酸作用制得硫酸亚铁，再用 FeSO$_4$ 与（NH$_4$）$_2$SO$_4$ 在水溶液中等物质的量相互作用生成硫酸亚铁铵，由于复盐的溶解度比单盐要小，因此溶液经蒸发浓缩、冷却后，复盐在水溶液中首先结晶，形成（NH$_4$）$_2$Fe（SO$_4$）$_2$·6H$_2$O 晶体。

1. 制备 FeSO$_4$

铁屑与稀硫酸作用，制得硫酸亚铁溶液：

$$Fe + H_2SO_4 == FeSO_4 + H_2 \uparrow$$

2. 制备（NH$_4$）$_2$SO$_4$·FeSO$_4$

等物质的量的 FeSO$_4$ 与（NH$_4$）$_2$SO$_4$ 生成溶解度较小的复盐硫酸亚铁铵晶体其分子式

可写为 $(NH_4)_2Fe(SO_4)_2 \cdot 6H_2O$ 或 $(NH_4)_2SO_4 \cdot FeSO_4 \cdot 6H_2O$，在制备过程中，为了使 Fe^{2+} 不被氧化和水解，溶液需保持足够的酸度。

　　硫酸亚铁铵中杂质 Fe^{3+} 的含量多少，是影响其质量的重要指标之一。本实验利用 Fe^{3+} 能与 KSCN 生成血红色的配合物来检验 Fe^{3+} 的相对多少，以确定产品等级。

　　将样品配制成溶液，在一定条件下，与含一定量杂质离子的系列标准溶液进行比色或比浊，以确定杂质含量范围。如果样品溶液的颜色或浊度不深于标准溶液，则认为杂质含量低于某一规定限度，这种分析方法称为限量分析。

【仪器及试剂】

　　药品：铁粉、HCl（2.0mol·L^{-1}）、H_2SO_4（3.0mol·L^{-1}）、Na_2CO_3（1.0mol·L^{-1}）、NaOH（1.0mol·L^{-1}）、KSCN（0.1mol·L^{-1}）、乙醇（95%）。

　　材料：滤纸、pH 试纸。

　　仪器：锥形瓶、烧杯、量筒、台秤、抽滤装置、蒸发皿。

【实验内容】

　　1. 铁屑去油污

　　称取 2g 铁屑，放于锥形瓶内，加入 20mL 1.0mol·L^{-1} Na_2CO_3 溶液，小火加热煮沸 10min，随时补充水量，以除去铁屑上的油污，用倾析法倒掉废碱液，并用水把铁屑洗净，把水倒掉。

　　2. $FeSO_4$ 的制备

　　往盛着铁屑的锥形瓶中加入 15mL 3.0mol·L^{-1} H_2SO_4，放在水浴上加热（注意通风），在反应过程中，要适当补充蒸馏水，等铁屑与 H_2SO_4 反应完毕，趁热普通过滤，分离溶液和残渣。滤液转移到蒸发皿内。

　　3. 硫酸亚铁铵的制备

　　① 计算 $FeSO_4$ 产量　以铁屑的量为准，硫酸过量：

$$56 : 152 = 2 : m_{FeSO_4} \qquad m_{FeSO_4} = 5.43g$$

　　② 计算 $(NH_4)_2SO_4$ 的用量

$$152 : 132 = 5.43 : m_{(NH_4)_2SO_4}$$

$$m_{(NH_4)_2SO_4} = 4.72g \approx 5g$$

按溶解度 73g/100g（表 2-6）计算，需要用水量

$$73 : 100 = 5(4.72) : m_水$$

$$m_水 = 6.9g$$

表 2-6　硫酸铵在不同温度的溶解度数据（单位：g/100g H_2O）

温度/℃	10	20	30	40	50
溶解度	70.6	73.0	75.4	78.0	81.0

　　③ 水浴加热蒸发，浓缩到溶液表面有一层晶膜出现时，立即停止蒸发，蒸发过程中，不可搅拌。

　　④ 取下蒸发皿，放置，让溶液自然冷却。

　　⑤ 减压过滤，用 5mL 95% 乙醇洗涤晶体，以除去晶体表面水分，继续抽干。

　　⑥ 称重晶体。

　　⑦ 计算产率。

4. 质量检测：Fe^{3+} 的检验（限量分析）

（1）配制浓度为 $0.0100mg \cdot mL^{-1}$ 的 Fe^{3+} 标准溶液

称取 $0.0216g\ NH_4Fe(SO_4)_2 \cdot 12H_2O$ 于烧杯中，先加入少量蒸馏水溶解，再加入 $6mL$ $3mol \cdot L^{-1}\ H_2SO_4$ 溶液酸化，用蒸馏水将溶液在 $250mL$ 容量瓶中定容。此溶液中 Fe^{3+} 浓度即为 $0.0100mg \cdot mL^{-1}$。

（2）配制标准色阶

用移液管分别移取 Fe^{3+} 标准溶液 $5.00mL$、$10.00mL$、$20.00mL$ 于比色管中，各加 $1mL\ 3mol \cdot L^{-1}$ 的 H_2SO_4 和 $1mL\ 25\%$ 的 KSCN 溶液，再用新煮沸过放冷的蒸馏水将溶液稀释至 $25mL$，摇匀，即得到含 Fe^{3+} 量分别为 $0.05mg$（一级）、$0.10mg$（二级）和 $0.20mg$（三级）的三个等级的试剂标准液。

（3）产品等级的确定

称取 $1g$ 硫酸亚铁铵晶体，加入 $25mL$ 比色管中，用 $15mL$ 不含氧的蒸馏水溶解，再加 $1mL\ 3mol \cdot L^{-1}\ H_2SO_4$ 和 $1mL\ 25\%$ KSCN 溶液，最后加入不含氧的蒸馏水将溶液稀释到 $25mL$，摇匀，与标准溶液进行目视比色，确定产品的等级。

【注意事项】

1. 在制备 $FeSO_4$ 时，水浴加热的温度不要超过 $80℃$，以免反应过猛。

2. 在制备 $FeSO_4$ 时，保持溶液 $pH \leqslant 1$，以使铁屑与硫酸溶液的反应能不断进行。

3. 在检验产品中 Fe^{3+} 含量时，为防止 Fe^{2+} 被溶解在水中的氧气氧化，可将蒸馏水加热至沸腾，以赶出水中溶入的氧气。

4. 制备硫酸亚铁铵晶体时，溶液必须呈酸性，蒸发浓缩时不需要搅拌，不可浓缩至干。

【思考题】

1. 水浴加热时应注意什么问题？

2. 怎样确定所需要的硫酸铵用量？如何配制硫酸铵饱和溶液？

3. 为什么在制备硫酸亚铁时要使铁过量？

4. 为什么制备硫酸亚铁铵时要保持溶液有较强的酸性？

实验 9　硫代硫酸钠的制备及含量测定

【实验目的】

1. 学习实验室制备硫代硫酸钠的方法。

2. 掌握气体发生和器皿连接操作。

【实验原理】

1. 制备 SO_2 气体

$$Na_2SO_3 + H_2SO_4（浓）\longrightarrow Na_2SO_4 + SO_2 \uparrow + H_2O$$

2. 制备 $Na_2S_2O_3$ 反应

$$Na_2CO_3 + SO_2 \longrightarrow Na_2SO_3 + CO_2 \uparrow$$

$$2Na_2S + 3SO_2 \longrightarrow 2Na_2SO_3 + 3S$$

$$Na_2SO_3 + S \longrightarrow Na_2S_2O_3$$

总反应为：

$$Na_2CO_3+2Na_2S+4SO_2 \longrightarrow 3Na_2S_2O_3+CO_2\uparrow$$

含有硫化钠和碳酸钠的溶液，用二氧化硫气体饱和。反应中碳酸钠用量不宜过少。如用量过少，则中间产物亚硫酸钠量少，使析出的硫不能全部生成硫代硫酸钠。硫化钠和碳酸钠以 2：1 的摩尔比取量较为适宜。反应完毕后，过滤得到硫代硫酸钠溶液，然后浓缩蒸发，冷却。析出晶体为 $Na_2S_2O_3 \cdot 5H_2O$，干燥后即为产品。

【仪器及试剂】

　　试剂：硫化钠、亚硫酸钠（无水）、碳酸钠、H_2SO_4（浓）。

　　材料：pH 试纸、螺旋夹、橡皮管。

　　仪器：圆底烧瓶、水浴锅、冷凝管、抽滤瓶、布氏漏斗、烧杯、锥形瓶、分液漏斗、橡皮塞、蒸馏烧瓶、洗气瓶、电磁搅拌器。

【实验内容】

　　1. 硫代硫酸钠的制备

　　① 称取硫化钠 15g，并根据化学反应方程式计算出所需碳酸钠的用量（10.9g），进行称量。然后，将硫化钠和碳酸钠一并放入 250mL 锥形瓶中，注入 75mL 蒸馏水使其溶解（可微热，促其溶解）。

　　② 按图 2-7 安装制备硫代硫酸钠的装置。

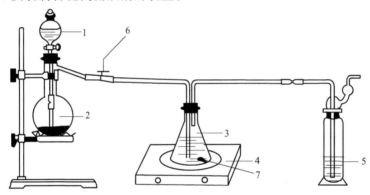

图 2-7　制备硫代硫酸钠的装置

1—分液漏斗；2—支管蒸馏烧瓶；3—锥形瓶；4—电磁搅拌器；
5—尾气吸收瓶；6—螺旋夹；7—磁子

　　③ 打开分液漏斗，使硫酸慢慢滴下，打开螺旋夹。适当调节螺旋夹（防止倒吸）。使反应产生的二氧化硫气体较均匀地通入硫化钠-碳酸钠溶液中，并采用电磁搅拌器搅动。

　　④ 随着二氧化硫气体的进入，锥形瓶中逐渐有大量浅黄色的硫析出。继续通二氧化硫气体。反应进行约 1h，溶液的 pH 约等于 7 时（用 pH 试纸检验），停止反应。

　　⑤ 将锥形瓶中的硫代硫酸钠溶液过滤，将滤液转移至烧杯中，进行浓缩，直至溶液中有少量晶体析出时，停止蒸发，冷却，使生成的 $Na_2S_2O_3$ 结晶析出。过滤得 $Na_2S_2O_3 \cdot 5H_2O$ 晶体，将晶体放在烘箱中，在 40℃ 下，干燥 40～60min。

　　⑥ 称量。

　　⑦ 计算产率

$$Na_2S_2O_3 \cdot 5H_2O \text{ 的产率} = \frac{b \times 2 \times 78.06 \text{g} \cdot \text{mol}^{-1}}{a \times 3 \times 248.21 \text{g} \cdot \text{mol}^{-1}} \times 100\%$$

式中　b——所得 $Na_2S_2O_3 \cdot 5H_2O$ 晶体的克数；

　　　a——硫化钠的用量，g。

　　2. 产品检验

　　精确称取 0.5g（准确到 0.1ug）硫代硫酸钠试样，用少量水溶解，滴入 1～2 滴酚酞，再注入 10mL 醋酸-醋酸钠缓冲溶液，以保证溶液的弱酸性。然后用 $0.1mol \cdot L^{-1} I_2$ 标准溶液滴定，以淀粉为指示剂，直到 1min 内溶液的蓝色不褪掉为止。

$$w_{Na_2S_2O_3 \cdot 5H_2O} = \frac{V \times c \times 0.24820 \times 2}{m} \times 100\%$$

式中　V——所用 I_2 标准溶液的体积；

　　　　c——标准溶液物质的量浓度；

　　　　m——所用 $Na_2S_2O_3 \cdot 5H_2O$ 试样的质量。

【注意事项】

　　1. 制备装置的气密性要好。

　　2. 反应终点的判断要注意 pH 值不可小于 7。

　　3. Na_2S 的用量为 15g，计算、称量时，要考虑 $Na_2S \cdot 9H_2O$ 晶体中结晶水的质量。

　　4. 开关大小调节要适当，防止倒吸。

【思考题】

　　1. 在 Na_2S-Na_2CO_3 溶液中通 SO_2 的反应是放热反应，还是吸热反应？为什么？

　　2. 停止通 SO_2 时，为什么必须控制溶液的 pH 约为 7 而不能使 pH 小于 7？

实验 10　过氧化钙的制备及含量分析

【实验目的】

　　1. 掌握制备过氧化钙的原理和方法。

　　2. 掌握过氧化钙含量的分析方法。

　　3. 巩固无机制备及化学分析的基本操作。

【实验原理】

　　纯净的 CaO_2 是白色的结晶粉末，工业品因含有超氧化物而呈淡黄色；难溶于水，不溶于乙醇、乙醚；其活性氧含量为 22.2%；在室温下是稳定的，加热至 300℃时则分解为 CaO 和 O_2：

$$2CaO_2 \xrightarrow{300℃} 2CaO + O_2 \uparrow$$

在潮湿的空气中也能够分解：

$$CaO_2 + H_2O \longrightarrow Ca(OH)_2 + H_2O_2$$

与稀酸反应生成盐和 H_2O_2：

$$CaO_2 + 2H^+ \longrightarrow Ca^{2+} + H_2O_2$$

在 CO_2 作用下，会逐渐变成碳酸盐，并放出氧气：

$$2CaO_2 + 2CO_2 \longrightarrow 2CaCO_3 + O_2 \uparrow$$

　　过氧化钙水合物——$CaO_2 \cdot 8H_2O$ 在 0℃时是稳定的，但是室温时经过几天就分解了，加热至 130℃，就逐渐变为无水过氧化物——CaO_2。

　　本实验先由钙盐法制取 $CaO_2 \cdot 8H_2O$，再经脱水制得 CaO_2。

　　钙盐法制 CaO_2：用可溶性钙盐（如氯化钙、硝酸钙等）与 H_2O_2、$NH_3 \cdot H_2O$ 反应。即

$$Ca^{2+}+H_2O_2+2NH_3\cdot H_2O+6H_2O \longrightarrow CaO_2\cdot 8H_2O(s)+2NH_4^+$$

该反应通常在 $-3\sim 2℃$ 下进行。

【仪器及试剂】

试剂：$CaCl_2$（或 $CaCl_2\cdot 6H_2O$），$30\%H_2O_2$，$2mol\cdot L^{-1}NH_3\cdot H_2O$，无水乙醇，$0.0100mol\cdot L^{-1}KMnO_4$，$2mol\cdot L^{-1}H_2SO_4$，$KI(s)$，$36\%HAc$，$0.01mol\cdot L^{-1}Na_2S_2O_3$ 标准溶液，1%淀粉溶液，$2mol\cdot L^{-1}HCl$。

材料：滤纸。

仪器：台秤，分析天平，烧杯，微型吸滤装置，点滴板，P_2O_5 干燥器，25mL 碘量瓶，微量滴定管，表面皿，温度计。

【实验内容】

1. 过氧化钙的制备

在小烧杯中加入 1.5mL 去离子水，边搅拌边加入 $CaCl_2$ 1.11g（或 $CaCl_2\cdot 6H_2O$ 2.22g），使其溶解；用冰水将 $CaCl_2$ 溶液和 5mL 30% H_2O_2 溶液冷却至 0℃ 左右，然后混合，在边冷却边搅拌下逐渐滴加 $6mol\cdot L^{-1}$ $NH_3\cdot H_2O$ 4mL，静置冷却结晶；在微型抽滤瓶上过滤，用冷却至 0℃ 的去离子水洗涤沉淀 2~3 次，再用无水乙醇洗涤 2 次，然后将晶体置于表面皿上移至烘箱中，在 130℃ 下烘烤 20min，再放在 P_2O_5 干燥器中干燥至恒重，称重，计算产率。

将滤液用 $2mol\cdot L^{-1}$ HCl 调至 pH 为 3~4，然后放在小烧杯（或蒸发皿）中，于石棉网（或泥三角）上小火加热浓缩，可得到副产品 NH_4Cl 晶体。

2. 产品检验

(1) CaO_2 的定性鉴定

在点滴板上滴一滴 $0.0010mol\cdot L^{-1}$ $KMnO_4$ 溶液，加一滴 $2mol\cdot L^{-1}$ H_2SO_4 酸化，然后加入少量的 CaO_2 粉末搅匀，若有气泡逸出，且 MnO_4^- 褪色，证明有 CaO_2 的存在。

(2) CaO_2 的含量测定

于干燥的 25mL 碘量瓶中准确称取 0.0300g CaO_2 晶体，加 3mL 去离子水和 0.4000g KI(s)，摇匀。在暗处放置 30min，加 4 滴 $36\%HAc$，用 $0.01mol\cdot L^{-1}$ $Na_2S_2O_3$ 标准溶液滴定至近终点时，加 3 滴 1%淀粉溶液，然后继续滴定至蓝色恰好消失。同时做空白试验。

CaO_2 含量的计算如下：

$$w(CaO_2)=\frac{c(V_1-V_2)\times 0.0721g\cdot mmol^{-1}}{2m}\times 100\%$$

式中 V_1——滴定样品时所消耗的 $Na_2S_2O_3$ 溶液的体积，mL；

V_2——空白试验时所消耗的 $Na_2S_2O_3$ 溶液的体积，mL；

c——$Na_2S_2O_3$ 标准溶液的浓度，$mol\cdot L^{-1}$；

m——样品的质量，g；

0.0721——每毫摩尔 CaO_2 的质量，g。

【注意事项】

1. 保证实验温度在 0℃ 左右。

2. 称量 $CaCl_2$ 时速度要快，以免潮解。

3. 在烧杯中先加入水，然后再加入 $CaCl_2$，以防结块。

4. CaO_2 含量的测定要及时进行，以免吸收 CO_2，转变为 $CaCO_3$。

【思考题】

1. CaO_2 如何储存？为什么？

2. 写出在酸性条件下用 $KMnO_4$ 定性鉴定 CaO_2 的反应方程式。

【附注】

如果没有 25mL 的碘量瓶，可用 25mL 磨口带塞锥形瓶代替。

实验 11　微波辐射合成磷酸锌

【实验目的】

1. 了解磷酸锌的微波合成原理和方法。

2. 掌握无机化合物制备与分离技术中浸取、洗涤、分离等基本操作。

【实验原理】

微波是一种不会导致电离的高频电磁波，可被封闭在炉箱的金属壁内，形成一个类似小型电台的电磁波发射系统。由磁控管发出的微波能量场不断转换方向，像磁铁一样在食物分子的周围形成交替的正、负电场，使其正、负极以及食物内所含的正、负离子随之换向，即引起剧烈快速的振动或振荡。当微波作用时，这种振荡可达每秒 25 亿次，从而使食物内部产生大量的摩擦热。最高可达 200℃，4～5min 内可使水沸腾。特点是微波从各表面、顶端及四周同时作用，所以均匀性好。

磷酸锌〔$Zn_3(PO_4)_2·2H_2O$〕是一种新型防锈颜料，利用它可配制各种防锈涂料，后者可代替氧化铅作为底漆。它的合成通常是用硫酸锌、磷酸和尿素在水浴加热下反应，反应过程中尿素分解放出氨气并生成铵盐。过去反应需要 4h 才完成，本实验采用微波加热条件下进行反应，反应时间缩短为 15min。反应式为：

$$3ZnSO_4 + 2H_3PO_4 + 3(NH_2)_2CO + 7H_2O \Longrightarrow Zn_3(PO_4)_2·4H_2O + 3(NH_4)_2SO_4 + 3O_2 \uparrow$$

所得的四水合晶体在 110℃烘箱中脱水即得二水合晶体。

【仪器及试剂】

试剂：$ZnSO_4·7H_2O$、尿素、磷酸、无水乙醇。

材料：滤纸、pH 试纸。

仪器：微波炉、台秤、微型吸滤装置、烧杯、表面皿。

【实验内容】

称取 2.0g 硫酸锌于 100mL 烧杯中，加 1.0g 尿素和 1.0mL H_3PO_4，再加 20mL 水搅拌溶解，把烧杯置于 250mL 烧杯水浴（150mL 水）中，盖上表面皿，放进微波炉里，以大火挡（约 700W）辐射 19min，烧杯内隆起白色沫状物，停止辐射加热后，取出烧杯，用蒸馏水浸取、洗涤数次，抽滤。晶体用水洗涤至滤液无 SO_4^{2-}。产品在 110℃烘箱中脱水得 $Zn_3(PO_4)_2·2H_2O$，称量计算产率。

【注意事项】

1. 合成反应完成时，溶液的 pH＝5～6 左右；加尿素的目的是调节反应体系的酸碱性。

2. 晶体最好洗涤至近中性再抽滤。

3. 微波辐射对人体会造成伤害。市售微波炉在防止微波泄漏上有严格的措施，使用时要遵照有关操作程序与要求进行，以免造成伤害。

【思考题】

　　1. 制备磷酸锌的方法还有哪些？

　　2. 为什么微波辐射加热能显著缩短反应时间，使用微波炉要注意哪些事项？

【附注】

　　介电常数，又称为"电容率"或"相对电容率"。在同一电容器中用某一物质作为电介质时的电容与其中为真空时电容的比值称为该物质的"介电常数"。介电常数通常随温度和介质中传播的电磁波的频率而变。电容器用的电介质要求具有较大的介电常数，以便减小电容器的体积和重量。

实验 12　维生素 B_{12} 的鉴别及其注射液的含量测定

【实验目的】

　　1. 掌握用紫外分光光度法对物质进行鉴别的方法。

　　2. 掌握以吸光系数法测定物质含量的方法。

【实验原理】

　　维生素 B_{12} 是含 Co 有机药物，为深红色吸湿性结晶，制成注射液用于治疗贫血等疾病。注射液的标示含量有每毫升含维生素 B_{12} $50\mu g$、$100\mu g$ 或 $500\mu g$ 等规格。

　　维生素 B_{12} 的水溶液在 $(278\pm1)nm$、$(361\pm1)nm$ 与 $(550\pm1)nm$ 三波长处有最大吸收。药典规定以上述三个吸收峰处测得的吸光度比值作为其定性鉴别的依据，比值范围应为：

$$\frac{A_{361nm}}{A_{278nm}}=1.70\sim1.88 \qquad \frac{A_{361nm}}{A_{550nm}}=3.15\sim3.45$$

　　维生素 B_{12} 的水溶液在 361nm 处的吸收峰强度较高、干扰较少，故药典规定以 $(361\pm1)nm$ 处吸收峰的比吸收系数 (2.07×10^{-4}) 作为测定注射液实际含量的依据。

【仪器及试剂】

　　药品：维生素 B_{12} 注射液。

　　材料：滤纸、pH 试纸。

　　仪器：752 型紫外可见分光光度计、容量瓶、移液管。

【实验内容】

　　1. 准确量取样品 10mL 至 50mL 容量瓶中，加水稀释至刻度。

　　2. 用 1cm 石英比色皿，以蒸馏水做空白，波长 230～580nm，每间隔 20nm 测定一次吸光度，在最大吸收峰 278nm、361nm 与 550nm 附近每间隔 4nm 测定一次读取其吸光度。

　　3. 按 $(361\pm1)nm$ 处的吸光度计算样品稀释液中维生素 B_{12} 的含量 $(\mu g\cdot mL^{-1})$。

　　原始注射液每毫升所含 B_{12} 的微克数 $=A_{(测)361nm}\times48.31\times$ 稀释倍数。

　　4. 计算三个吸收峰处的吸光度比值 $\left(\dfrac{A_{361nm}}{A_{278nm}},\dfrac{A_{361nm}}{A_{550nm}}\right)$，并与药典规定的比值范围进行对照。

　　5. 数据记录及处理

λ/nm	250	270	274	278	282	302	322	342	357	361	365
A											
λ/nm	385	405	425	445	465	485	505	525	550	554	580
A											

【注意事项】

1. 每次改变波长，要进行空白测定。

2. 200～340nm 时选择氘灯，340～1000nm 选择卤钨灯。

【思考题】

1. 注射液 B_{12} 三个最大吸收峰的意义何在？

2. 如果取注射液 2mL 用水稀释 15 倍，在 361nm 处测得 A 值为 0.698，试计算注射液每 1mL 含 B_{12} 多少？

实验 13　葡萄糖酸锌的制备与质量分析

【实验目的】

1. 掌握葡萄糖酸锌的制备原理和方法。

2. 熟练掌握蒸发、浓缩、重结晶、滴定等操作。了解热过滤的方法，练习减压过滤操作。

3. 了解比浊法检测硫酸根含量的方法。

【实验原理】

锌存在于众多的酶系如碳酸酐酶、呼吸酶、乳酸脱氢酸、超氧化物歧化酶、碱性磷酸酶、DNA 和 RNA 聚中酶等之中，为核酸、蛋白质、碳水化合物的合成和维生素 A 的利用所必需。锌具有促进生长发育，改善味觉的作用。锌缺乏时出现味觉、嗅觉差，厌食，生长与智力发育低于正常。

葡萄糖酸锌为补锌药，具有见效快、吸收率高、副作用小等优点，主要用于儿童及老年，妊娠妇女因缺锌引起的生长发育迟缓，营养不良，厌食症，复发性口腔溃疡，皮肤痤疮等症。葡萄糖酸锌由葡萄糖酸直接与锌的氧化物或盐制得。本实验采用葡萄糖酸钙与硫酸锌直接反应：

$$[CH_2OH(CHOH)_4COO]_2Ca + ZnSO_4 \Longrightarrow [CH_2OH(CHOH)_4COO]_2Zn + CaSO_4 \downarrow$$

过滤除去 $CaSO_4$ 沉淀，溶液经浓缩可得无色或白色葡萄糖酸锌结晶，无味，易溶于水，极难溶于乙醇。

葡萄糖酸锌在制作药物前，要经过多个项目的检测。本次实验只是对产品质量进行初步分析，用比浊法检测所制产物的硫酸根含量。《中华人民共和国药典》（2005 年版）规定葡萄糖酸锌含量应在 97.0%～102%。

【仪器及试剂】

试剂：葡萄糖酸钙（分析纯）、硫酸锌（分析纯）、活性炭、无水乙醇、盐酸（3mol·L^{-1}）、标准硫酸钾溶液（硫酸根含量 100mg·L^{-1}），氯化钡溶液（25%）。

材料：滤纸、pH 试纸。

仪器：烧杯、蒸发皿、抽滤瓶、循环水泵、酸式滴定管（50mL）、锥形瓶（250mL）、移液管、比色管（25mL）、电子天平。

【实验内容】

1. 葡萄糖酸锌的制取

量取 40mL 蒸馏水置烧杯中，加热至 80～90℃，加入 6.7g $ZnSO_4·7H_2O$ 使完全溶解，将烧杯放在 90℃的恒温水浴中，再逐渐加入葡萄糖酸钙 10g，并不断搅拌。在 90℃水浴上保温 20min 后趁热抽滤（滤渣为 $CaSO_4$，弃去），滤液移至蒸发皿中并在沸水浴上浓缩至黏稠状（体积约为 20mL，如浓缩液有沉淀，需过滤掉）。滤液冷至室温，加 95％乙醇 20mL 并不断搅拌，此时有大量的胶状葡萄糖酸锌析出。充分搅拌后，用倾析法去除乙醇液。再在沉淀上加 95％乙醇 20mL，充分搅拌后，沉淀慢慢转变成晶体状，抽滤至干，即得粗品（母液回收）。再将粗品加水 20mL，加热至溶解，趁热抽滤，滤液冷至室温，加 95％乙醇 20mL 充分搅拌，结晶析出后，抽滤至干，即得精品，在 50℃烘干，称重并计算产率。

　　2. 硫酸盐的检查

　　取本品 0.5g，加水溶解至约 20mL（溶液如显碱性，可滴加盐酸使成中性）；溶液如不澄清，应过滤；置 25mL 比色管中，加稀盐酸 2mL，摇匀，即得供试溶液。另取标准硫酸钾溶液 2.5mL，置 25mL 比色管中，加水至约 20mL，加稀盐酸 2mL，摇匀，即得对照溶液。于供试溶液与对照溶液中，分别加入 25％氯化钡溶液 2mL，用水稀释至 25mL，充分摇匀，放置 10min，同置黑色背景上，从比色管上方向下观察、比较，如发生浑浊，与标准硫酸钾溶液制成的对照液比较，不得更浓（0.05％）。

【数据记录与处理】

　　硫酸盐检查

　　(1) 现象描述＿＿＿＿＿＿＿＿＿＿＿＿＿＿＿＿＿＿＿＿＿＿＿＿＿＿＿＿＿＿＿＿＿＿

　　(2) 检查结论＿＿＿＿＿＿＿＿＿＿＿＿＿＿＿＿＿＿＿＿＿＿＿＿＿＿＿＿＿＿＿＿＿＿

【注意事项】

　　1. 葡萄糖酸钙与硫酸锌反应时间不可过短，保证充分生成硫酸钙沉淀。

　　2. 抽滤除去硫酸钙后的滤液如果无色，可以不用脱色处理。如果脱色处理，一定要趁热过滤，防止产物过早冷却而析出。

　　3. 在硫酸根检查试验中，要注意比色管对照管和样品管的配对；两管的操作要平行进行，受光照的程度要一致，光线应从正面照入，置白色背景（黑色浑浊）或黑色背景（白色浑浊）上，自上而下地观察。

【思考题】

　　1. 在沉淀与结晶葡萄糖酸锌时，都加入 95％乙醇，其作用是什么？

　　2. 在葡萄糖酸锌的制备中，为什么必须在热水浴中进行？

【附注】

　　倾泻法：该方法是尽量将沉淀保留于烧杯底部，待溶液澄清后，只将澄清液倒出。通常用于所得沉淀的结晶较大或密度较大，静置后易沉降的固、液间分离。

实验 14　　硫酸锰铵的制备及检验

【实验目的】

　　1. 掌握硫酸锰铵的制备及定性试验的方法；

　　2. 巩固称量、溶解、加热、热过滤、减压过滤等无机制备基本操作。

【实验原理】

1. 由二氧化锰与硫酸作用而制得

$$MnO_2 + H_2C_2O_4 + H_2SO_4 \Longrightarrow MnSO_4 + 2CO_2\uparrow + 2H_2O$$

$$MnSO_4 + (NH_4)_2SO_4 + 6H_2O \Longrightarrow (NH_4)_2SO_4 \cdot MnSO_4 \cdot 6H_2O$$

2. 生产对苯二酚副产废液含硫酸锰和硫酸铵，废液经石灰乳中和除去杂质，然后加热脱氨的硫酸锰溶液，再经浓缩、结晶、脱水分离、干燥，包装得硫酸锰成品。

【仪器及试剂】

试剂：草酸、二氧化锰、硫酸铵、铋酸钠、H_2SO_4（$1mol \cdot L^{-1}$，浓），5% $BaCl_2$、$2mol \cdot L^{-1}$ HCl、$4mol \cdot L^{-1}$ HNO_3、乙醇。

材料：滤纸、pH 试纸。

仪器：试管、烧杯、酒精灯、石棉网、三角架、玻璃棒、表面皿、台秤、漏斗、吸滤瓶、布氏漏斗、循环水真空泵、剪刀等。

【实验内容】

1. 硫酸锰的制备

微热盛有 20.0mL 硫酸（$1mol \cdot L^{-1}$）的烧杯，向其中溶解 2.5g 草酸，再慢慢分次加入 2.5g 二氧化锰，盖上表面皿，使其充分反应。此时发生下列反应：

$$MnO_2 + H_2C_2O_4 + H_2SO_4 \Longrightarrow MnSO_4 + 2CO_2\uparrow + 2H_2O$$

反应缓慢后，煮沸溶液并趁热过滤，保留滤液。

2. 硫酸锰铵的制备

往上述热滤液中加入 3.0g 硫酸铵，待硫酸铵全部溶解后（可适当蒸发），在冰水浴中冷却，即有晶体慢慢析出，30min 后，抽滤，并用少量乙醇溶液洗涤两次，用滤纸吸干或放在表面皿上干燥，称量并计算理论产量和产率。

3. 硫酸锰铵的检验

（1）外观应为白色略带粉红色粉末状结晶。

（2）取样品水溶液，加 5% $BaCl_2$ 溶液，即生成白色沉淀，此沉淀不溶于 $2mol \cdot L^{-1}$ 盐酸（证实有硫酸盐）。

$$SO_4^{2-} + Ba^{2+} \Longrightarrow BaSO_4$$

（3）取样品少许，溶于 $4mol \cdot L^{-1}$ 硝酸中，加入少量铋酸钠粉末，搅拌，将过量的试剂离心沉降后，溶液呈紫红色（证实有锰盐）。

$$2Mn^{2+} + 5NaBiO_3 + 14H^+ \Longrightarrow MnO_4^- + 5Bi^{3+} + 5Na^+ + 7H_2O$$

【思考题】

1. 如何计算产品产率？

2. 本实验中哪些操作步骤对提高产品的质量有直接的影响？

实验 15　海带中碘的提取

【实验目的】

1. 了解从海带中提取碘的过程。

2. 掌握萃取、过滤的操作及有关原理。

3. 复习氧化还原反应的知识。

【实验原理】

海带中含有丰富的碘元素，碘元素在其中主要的存在形式为化合态，例如，KI 及 NaI。灼烧海带，是为了使碘离子能较完全地转移到水溶液中。由于碘离子具有较强的还原性，可被一些氧化剂氧化生成单质碘。海带含有碘化物，利用 H_2O_2 可将 I^- 氧化成 I_2。本实验先将干海带灼烧去除有机物，剩余物用 H_2O_2-H_2SO_4 处理，使 I^- 被氧化成 I_2。生成的 I_2 又与碱反应：

$$2I^- + H_2O_2 + 2H^+ \Longrightarrow I_2 + 2H_2O$$
$$3I_2 + 6NaOH \Longrightarrow 5NaI + NaIO_3 + 3H_2O$$

生成的碘单质在四氯化碳中的溶解度大约是在水中溶解度的 85 倍，且四氯化碳与水互不相溶，因此可用四氯化碳把生成的碘单质从水溶液中萃取出来。

萃取的原理：利用某种物质在两种互不相溶的溶剂中溶解度的差异性，进行分离。溶质一般是从溶解度小的溶剂中向溶解度大的溶剂中运动。

在实验室中用分液漏斗进行萃取分离。

【仪器及试剂】

试剂：海带、氯水、1% 淀粉溶液、四氯化碳、NaOH（40%）、$AgNO_3$（0.1mol·L^{-1}）、H_2SO_4（1mol·L^{-1}，45%）。

材料：滤纸、pH 试纸。

仪器：天平、镊子、剪刀、铁架台、酒精灯、坩埚、坩埚钳、泥三角、玻璃棒、分液漏斗。

【实验内容】

1. 称取 3g 干海带，用刷子把干海带表面的附着物刷净（不要用水洗）。将海带剪碎，酒精润湿（便于灼烧）后，放在坩埚中。用酒精灯灼烧盛有海带的坩埚，至海带完全成灰，停止加热，冷却。

2. 将海带灰转移到小烧杯中，再向烧杯中加入 20mL 蒸馏水，搅拌，煮沸 2～3min，使可溶物溶解，过滤。

3. 将滤液分成四份放入试管中，并标为 1、2、3、4 号。在 1 号试管中滴入 6 滴 1mol·L^{-1} 稀硫酸后，再加入约 3mL H_2O_2 溶液，观察现象。滴入 1% 淀粉液 1～2 滴，观察现象。

4. 在 2 号试管中加入 2mL 新制的饱和氯水，振荡溶液，观察现象。2 分钟后把加入氯水的溶液分成两份。其中甲中再滴入 1% 淀粉液 1～2 滴，观察现象。乙溶液中加入 2mL CCl_4，振荡萃取，静置 2min 后观察现象。

5. 向加有 CCl_4 溶液的试管中加入 NaOH 溶液 10mL，充分振荡后，将混合溶液倒入指定的容器中。加入氢氧化钠的目的是吸收溶解在 CCl_4 中的碘单质，把剩余溶液倒入指定容器防止污染环境。

6. 在 3 号试管中加入食用碘盐 3g，振荡使之充分溶解后滴入 6 滴稀硫酸。再滴入 1% 淀粉溶液 1～2 滴，观察现象。

7. 在 4 号试管中加入硝酸银溶液，振荡，再加入稀硝酸溶液。观察实验现象。

反萃取法从碘的四氯化碳溶液中提取碘单质的步骤。

① 在碘的四氯化碳溶液中逐滴加入适量 40% NaOH 溶液，边加边振荡，直至四氯化碳

层不显红色为止。碘单质反应生成 I^- 和 IO_3 进入水中。

$$3I_2+6OH^- \Longrightarrow 5I^-+IO_3^-+3H_2O$$

② 分液，将水层转移入小烧杯中，并滴加 45% 的硫酸酸化，可重新生成碘单质。由于碘单质在水中的溶解度很小，可沉淀析出。

$$5I^-+IO_3^-+6H^+ \Longrightarrow 3I_2+3H_2O$$

③ 过滤，得到碘单质晶体。

【注意事项】

1. 萃取实验中，要使碘尽可能全部转移到 CCl_4 中，应加入适量的萃取剂，同时采取多次萃取的方法。

2. 如果用其他氧化剂（如浓硫酸，氯水，溴水等），要做后处理，如溶液的酸碱度即 pH 的调节，中和酸性到基本中性。当选用浓硫酸氧化 I^- 时，先取浸出碘的少量滤液放入试管中，加入浓硫酸，再加入淀粉溶液，如观察到变蓝，可以判断碘离子氧化为碘。

3. 要将萃取后碘的 CCl_4 溶液分离，可以采取减压蒸馏的方法，将 CCl_4 萃取剂分离出去。

第3部分　分析化学实验

实验1　天平称量练习

【实验目的】

1. 了解天平的构造及其使用方法；

2. 学会直接称量法、固定质量称量法和递减称量法等常用的称量方法，能熟练、规范地称量给定的试剂；

3. 使学生养成准确、规范地记录实验原始数据的习惯。

【实验原理】

天平是定量分析操作中最主要最常用的仪器，常规的分析操作都要使用天平，天平的称量误差直接影响分析结果。因此，必须了解常见天平的结构，学会正确的称量方法。常见的天平有普通的托盘天平和电子天平。样品的基本称量方法有3种：直接称量法、固定质量称量法和递减称量法。

（1）直接称量法

此法用于称量一物体的质量，如称量某小烧杯的质量等。在天平上直接称出物体的质量。此法适用称量洁净干燥的不易潮解或不升华的固体试样。

操作要点：将要称量的物体准备好，关好天平门，按 TAR 键清零。打开天平左门，将物体放入托盘中央，关闭天平门，待稳定后读数。记录后打开左门，取出物品，关好天平门。

（2）固定质量称量法

又称增量法，此法用于称量某一固定质量的试剂或试样。这种称量操作的速度很慢，适于称量不易吸潮，在空气中能稳定存在的粉末或小颗粒（最小颗粒应小于 0.1mg）样品，以便精确调节其质量。本操作可以在天平中进行，用左手手指轻击右手腕部，将牛角匙中样品慢慢振落于容器内。

操作要点：固定质量称量法要求称量精度在 0.1mg 以内。如称取 0.5000g 石英砂，则允许质量的范围是 0.4990～0.5010g。超出这个范围的样品均不合格。若加入量超出，则需重称试样，已用试样必须弃去，不能放回到试剂瓶中。操作中不能将试剂撒落到容器以外的地方。称好的试剂必须定量转入接受器中，不能有遗漏。

（3）递减称量法

又称减量法。此法用于称量一定范围内的样品和试剂。主要针对易挥发、易吸水、易氧化和易与二氧化碳反应的物质。用滤纸条从干燥器中取出称量瓶，用纸片夹住瓶盖柄打开瓶盖，用牛角匙加入适量试样（多于所需总量，如称取三份 0.3g 试样，则需加入 1g 左右试样），盖上瓶盖，置入天平中，按 TAR 键清零。

操作要点：用滤纸条取出称量瓶，在接受器的上方倾斜瓶身，用瓶盖轻击瓶口使试样缓缓落入接受器中。当估计试样接近所需量（0.3g 或约三分之一）时，继续用瓶盖轻击瓶口，同时将瓶身缓缓竖直，用瓶盖向内轻刮瓶口使沾于瓶口的试样落入瓶中，盖好瓶盖。将称量瓶放入天平，显示的质量减少量即为试样质量。

若放出质量多于所需（超出 0.3g 较多）时，则需重称，已取出试样不能收回，须弃去。

【仪器及试剂】

1. 电子分析天平。

2. 称量瓶

称量瓶依次用洗液、自来水、蒸馏水洗干净后放入洁净的 100mL 烧杯中，称量瓶盖斜放在称量瓶口上，置于烘箱中，升温 105℃后保持 30min 取出烧杯，稍冷片刻，将称量瓶置于干燥器中，冷至室温后即可用。

3. 表面皿或 50mL 小烧杯，烘干待用。

4. 粉末试样（如 NaCl、$K_2Cr_2O_7$ 等）。

5. 牛角匙。

【实验内容】

1. 直接称量法

在电子天平上准确称出洁净干燥的表面皿、烧杯或称量瓶的质量，记录称量的数据，熟悉天平的使用。

2. 固定质量称量法（要求所称物体洁净、干燥，不易潮解、升华，并无腐蚀性）

称取 0.5000g NaCl 试样 3 份。

① 在电子天平上准确称出洁净干燥的表面皿或小烧杯的质量，记录称量数据或按天平上的"去皮"键。

② 用牛角匙将试样慢慢加到表面皿的中央，如果在①步中未选择"去皮"，则加试样使天平读数在关上天平门后正好显示"表面皿重＋0.5000g"，记录称量数据，算出试样的实际质量；如果在①步中选择了"去皮"，则加试样使天平读数在关上天平门后正好显示 0.5000g，记录称量数据。

③ 可以多练习几次。以表面皿加试样为起点，练习牛角匙的使用。

④ 固定质量称量法称一个试样的时间应在 8min 以内。

3. 递减称量法（适于称取多份易吸水、易氧化或易于和 CO_2 反应的物质）

称取 0.3～0.4g NaCl 试样 3 份。

① 在电子天平上将 3 个洁净、干燥的表面皿分别称准至 0.1mg。记录为 m_{01}，m_{02}，m_{03}；

② 在电子天平上准确称量一个装有足够试样的洁净、干燥的称量瓶的质量，记录为 m_1；估计一下样品的体积，转移 0.3～0.4g 试样至表面皿中，称量并记录称量瓶和剩余试样的质量 m_2。以同样方法完成剩余 2 份试样的称量。

注：差减法称量时，拿取称量瓶的原则是避免手指直接接触器皿，可用洁净的纸条包裹或者用"指套"、"手套"等拿称量瓶，以减少称量误差。

③ 准确称量已有试样的表面皿，记录其质量为 m_{b1}、m_{b2} 和 m_{b3}。参照表 3-1 的格式认真记录实验数据并计算实验结果。

④ 递减称量法称一个试样的时间在 12min 内，倾样次数不超过 3 次，连续称 3 个试样的时间不超过 18min，并做到称出的 3 份试样的质量均在要求的范围之间。

4. 称量结束后的工作

称量结束后，按 OFF 键关闭天平，将天平还原。在天平的使用记录本上记下称量操作的时间和天平状态，并签名。整理好台面之后方可离开。

【实验数据记录和处理】

表 3-1　称量练习记录表

编号	1	2	3
m(称量瓶＋试样)/g	m_1	m_2	m_3
	m_2	m_3	m_4
m(称出试样)	m_{s1}	m_{s2}	m_{s3}
m(表面皿＋试样)/g	m_{b1}	m_{b2}	m_{b3}
m(表面皿)/g	m_{01}	m_{02}	m_{03}
m(表面皿中试样)			
偏差/mg			

注：要求称量的绝对偏差小于 0.4mg。

【注意事项】

① 天平室应避免阳光照射，保持干燥，防止腐蚀性气体的侵袭。天平应放在牢固的台上避免震动。

② 天平状态稳定后不要随便变更设置。

③ 天平箱内应保持清洁，通常在天平中放置变色硅胶做干燥剂，若变色硅胶失效后应及时更换，以保持干燥。

④ 称量物的总质量不能超过天平的称量范围。在固定质量称量时要特别注意。

⑤ 不得在天平上称量过热、过冷或散发腐蚀性气体的物质。对于过热或过冷的称量物，应使其回到室温后方可称量。

⑥ 天平上门一般不使用，称量时开侧门。在开关门、放取称量物时，动作必须轻缓，切不可用力过猛或过快，以免造成天平损坏。

⑦ 所有称量物都必须置于一定的洁净干燥容器（如烧杯、表面皿、称量瓶等）中进行称量，以免沾污腐蚀天平。

⑧ 为避免手上的油脂汗液污染，不能用手直接拿取容器。称取易挥发或易与空气作用的物质时，必须使用称量瓶以确保在称量的过程中物质质量不发生变化。

⑨ 实验数据必须写在记录本上，不允许记录到其他地方。

⑩ 注意保持天平内外的干净卫生。称量完毕，关好天平门，切断电源，罩上天平罩。

【思考题】

1. 用分析天平称量的方法有哪几种？固定称量法和递减称量法各有何优缺点？在什么情况下选用这两种方法？

2. 使用称量瓶时，如何操作才能保证不损失试样？

实验 2　滴定分析基本操作练习

【实验目的】

1. 掌握酸碱标准溶液的配制方法。

2. 掌握滴定管的正确使用和滴定基本操作。

3. 熟悉甲基橙和酚酞指示剂的变色特征，学会滴定终点的正确判断。

【实验原理】

滴定分析是将一种已知浓度的标准溶液滴加到被测试液中，直到化学反应完全为止，然后根据标准溶液的浓度和体积计算被测组分含量的一种方法。因此，必须学会标准溶液的配制、标定、滴定管的正确使用和滴定终点的正确判断。

$$NaOH + HCl \Longrightarrow NaCl + H_2O$$

计量点 pH：7.0

pH 突跃范围：4.3～9.7

甲基橙变色范围：3.1（红）～4.4（黄）

酚酞变色范围：8.0（无色）～9.6（红）

强酸 HCl 与强碱 NaOH 溶液的滴定反应，突跃范围的 pH 为 4.3～9.7，在这一范围中可采用甲基橙（变色范围 pH 3.1～4.4）、酚酞（变色范围 pH 8.0～9.6）等指示剂来指示终点。HCl 滴定 NaOH，常选甲基橙作指示剂；NaOH 滴定 HCl，常选酚酞作指示剂。

标准溶液是指已经准确知道质量浓度（或物质的量浓度）的用来进行滴定的溶液。一般有两种配制方法，即直接法和间接法。

1. 直接法

根据所需要的质量浓度（或物质的量浓度），准确称取一定量的物质，经溶解后，定量转移至容量瓶中并稀释至刻度，通过计算即得出标准溶液准确的质量浓度（或物质的量浓度）。这种溶液也称基准溶液。用来配制这种溶液的物质称为基准物质。对基准物质的要求是：①纯度高，杂质的质量分数低于 0.02%，易制备和提纯；②组成（包括结晶水）与化学式准确相符；③性质稳定，不分解，不吸潮，不吸收空气中 CO_2，不失结晶水等；④有较大的摩尔质量，以减小称量的相对误差。

配制方法：在分析天平上准确称取一定量已干燥的基准物质溶于水后，转入已校正的容量瓶中用水稀释至刻度，摇匀，即可算出其准确浓度。

较稀的标准溶液可由较浓的标准溶液稀释而成。由储备液配制成操作溶液时，原则上只稀释一次，必要时可稀释二次。稀释次数太多累积误差太大，影响分析结果的准确度。

2. 间接法

又叫标定法。如果欲配制标准溶液的试剂不是基准物，就不能用直接法配制。很多物质不符合基准物质的条件，它们都不能直接配制标准溶液。一般是先将这些物质配成近似所需浓度溶液，然后用基准物通过滴定的方法确定已配溶液的准确浓度，这一操作叫做"标定"。

注意：优级纯或分析纯试剂的纯度虽高，但组成不一定就与化学式相符，不一定能作为基准物使用。

酸碱滴定中常用 HCl 和 NaOH 作为滴定剂，由于浓盐酸易挥发，氢氧化钠易吸收空气中的水分和二氧化碳，故此滴定剂无法直接配制，只能先配置近似浓度的溶液然后用基准物质标定其浓度。

由原装的酸碱配制溶液时，一般只要求准确到 1～2 位有效数字，故可用量筒量取液体或在台秤上称取固体试剂，加入的溶剂（如水）用量筒或量杯量取即可。但是在标定溶液的整个过程中，一切操作要求严格、准确。称量基准物质要求使用分析天平，称准至小数点后四位有效数字。所要标定溶液的体积，如要参加浓度计算的均要用容量瓶、移液管、滴定管准确操作。

本实验分别选取甲基橙和酚酞作为指示剂，通过自行配制的盐酸和氢氧化钠溶液相互滴定，在 HCl（0.1mol·L^{-1}）溶液与 NaOH（0.1mol·L^{-1}）溶液进行相互滴定的过程中，若采用同一种指示剂指示终点，不断改变被滴定溶液的体积，则滴定剂的用量也随之变化，但它们相互反应的体积之比应基本不变。因此在不知道 HCl 和 NaOH 溶液准确浓度的情况下，通过计算 V_{HCl}/V_{NaOH} 的精确度，可以检查实验者对滴定操作技术和判断终点掌握的情况。

【仪器及试剂】

试剂：NaOH 固体（AR）、原装盐酸（密度 1.19g·cm^{-3} AR）、酚酞（1％乙醇溶液）、甲基橙（0.1％水溶液）。

仪器：台秤、烧杯、试剂瓶、量筒、酸式滴定管、碱式滴定管、锥形瓶、洗瓶。

【实验内容】

1. 溶液的配制

（1）0.10mol·L^{-1} HCl 溶液的配制

用洁净量筒量取约 4.2～4.5mL 12mol·L^{-1} HCl 转入试剂瓶中，加蒸馏水至约 500mL，盖上玻璃塞，摇匀，贴好标签备用。浓盐酸易挥发，应在通风橱中操作。

（2）0.10mol·L^{-1} NaOH 溶液的配制

在台秤上取约 2.0g 固体 NaOH 于烧杯中，加蒸馏水 50mL，全部溶解后，转入试剂瓶中，用少量蒸馏水涮洗小烧杯数次，将涮洗液一并转入试剂瓶中，加蒸馏水至约 500mL，盖上橡皮塞，摇匀，贴好标签备用。

2. 滴定操作练习

（1）滴定管使用前的准备

酸式滴定管赶气泡的方法是：右手拿住上部，使滴定管倾斜 30°，左手迅速打开活塞，让溶液冲出，将气泡带走。

碱式滴定管赶气泡的方法是：左手拇指和食指拿住玻璃珠中间偏上部位，并将乳胶管向上弯曲，出口管斜向上，同时向一旁压挤玻璃珠，使溶液从管口喷出随之将气泡带走，再一边捏乳胶管一边将其放直。当乳胶管放直后再松开拇指和食指，否则出口管仍会有气泡。最后将滴定管外壁擦干。

（2）滴定管的使用

滴定管按用途分为酸式滴定管和碱式滴定管。酸式滴定管用玻璃活塞控制流速，用于酸或氧化剂溶液；碱式滴定管用玻璃珠控制流速，用于碱或还原剂溶液；把酸式滴定管的活塞改为聚四氟乙烯等耐酸碱材料制成的活塞，就可以酸碱通用。现在有些实验室配备的是这种酸碱通用的滴定管。

① 涂油　取下活塞上的橡皮圈，取出活塞，用吸水纸将活塞和活塞套擦干，将酸管放平，以防管内水再次进入活塞套。用食指蘸取少许凡士林，在活塞的两端各涂一薄层凡士林。也可以将凡士林涂抹在活塞的大头上，将活塞插入活塞套内，按紧并向同一方向转动活塞，直到活塞和活塞套上的凡士林全部透明为止。套上橡皮圈，以防活塞脱落打碎。

检查乳胶管和玻璃球是否完好，若乳胶管已老化，玻璃球过大（不易操作）或过小（漏水），应予更换。乳胶管老化是正常现象，一般情况下，乳胶管应每学期或每学年更换一次。

②　检漏　用自来水充满滴定管，夹在滴定管夹上直立 2min，仔细观察有无水滴滴下或从缝隙渗出。然后将活塞转动 180°，再如前法检查。如有漏水现象，必须重新涂油。

涂油合格后，用蒸馏水洗滴定管 3 次，每次用量分别为 10mL、5mL、5mL。洗时，双手持滴定管两端无刻度处，边转动边倾斜，使水布满全管并轻轻振荡。然后直立，打开活塞，将水放掉，同时冲洗出口管。

③　洗涤　若无明显油污，可用洗涤剂溶液荡洗。若有明显油污，可用铬酸溶液洗。加入 5～10mL 洗液，边转动边将滴定管放平，并将滴定管口对着洗液瓶口，以防洗液洒出。洗净后将一部分洗液从管口放回原瓶，最后打开活塞，将剩余的洗液放回原瓶，必要时可加满洗液浸泡一段时间。用各种洗涤剂清洗后，都必须用自来水充分洗净，并将管外壁擦干，以便观察内壁是否挂水珠。若挂水珠说明未洗干净，必须重洗。

④　操作溶液的装入　用 $0.1mol\cdot L^{-1}$ HCl 溶液润洗酸式滴定管 2～3 次，每次 5～10mL。然后将 HCl 溶液装入酸式滴定管中，排气泡，管中液面调至 0.00mL 附近，记下初读数。用 $0.1mol\cdot L^{-1}$ NaOH 溶液润洗碱式滴定管 2～3 次，每次 5～10mL。然后将 NaOH 溶液装入碱式滴定管中，排气泡，管中液面调至 0.00mL 附近，记下初读数。

（3）以酚酞做指示剂，用 NaOH 溶液滴定 HCl

从酸式滴定管放出约 10mL $0.1mol\cdot L^{-1}$ HCl 于 250mL 锥形瓶中，加 10mL 蒸馏水，加 1～2 滴酚酞指示剂，用 $0.1mol\cdot L^{-1}$ NaOH 进行滴定，在滴定过程中应不断摇动锥形瓶，在前一个阶段滴定速度可以较快，当滴加的 NaOH 落点处周围红色褪去较慢时，表明已临近终点，用洗瓶淋洗锥形瓶内壁，NaOH 溶液一滴一滴或半滴半滴滴出，直至溶液呈微红色并保持 30s 不褪色，即达终点，记录终读数。然后再从酸式滴定管中放出 1～2mL HCl 溶液，再用 NaOH 滴定至终点，如此反复练习滴定、终点判断及读数若干次。

（4）以甲基橙做指示剂，用 HCl 溶液滴定 NaOH

从碱式滴定管放出约 10mL $0.1mol\cdot L^{-1}$ NaOH 于 250mL 锥形瓶中，加 10mL 蒸馏水，加 1～2 滴甲基橙指示剂，不断摇动下用 $0.1mol\cdot L^{-1}$ HCl 进行滴定，溶液由黄色变为橙色即达终点，记录终读数。再从碱式滴定管中放出 1～2mL NaOH 溶液，再用 HCl 滴定至终点，如此反复练习，掌握甲基橙做指示剂时，滴定及终点判断方法。

（5）HCl 和 NaOH 溶液体积比的测定

由酸式滴定管放出约 20mL $0.1mol\cdot L^{-1}$ HCl 于锥形瓶中，加 1～2 滴酚酞，用 NaOH 溶液滴定至溶液呈微红色，半分钟内不褪色即为终点，读取并准确记录 HCl 和 NaOH 溶液的体积，平行测定三次，计算 V_{HCl}/V_{NaOH}，要求相对平均偏差不大于 0.3%。

由碱式滴定管放出约 20mL $0.1mol\cdot L^{-1}$ NaOH 于锥形瓶中，加 1～2 滴甲基橙，用 HCl 溶液滴定至溶液由黄色至橙色即为终点，读取并准确记录 NaOH 和 HCl 溶液的体积，平行测定三次，计算 V_{NaOH}/V_{HCl}，要求相对平均偏差不大于 0.3%。

【注意事项】

①　用欲装溶液将滴定管润洗 3 次（洗法与用蒸馏水润洗相同）。

②　将溶液直接倒入滴定管中，使之在"0"刻度上，以便调节。

③　赶气泡，调"0"，静止 1min，再记录读数。

④　无论使用哪种滴定管，都必须掌握下面 3 种加液方法：

a. 逐滴连续滴加；b. 只加一滴；c. 半滴。

【实验数据记录和处理】

表 3-2 NaOH 滴定 HCl（酚酞指示剂）

项 目	1	2	3
V_{HCl}初读数/mL			
V_{HCl}终读数/mL			
V_{HCl}/mL			
V_{NaOH}初读数/mL			
V_{NaOH}终读数/mL			
V_{NaOH}/mL			
V_{NaOH}/V_{HCl}			
V_{NaOH}/V_{HCl}的平均值			
相对偏差/%			
相对平均偏差/%			

表 3-3 HCl 滴定 NaOH（甲基橙指示剂）

项 目	1	2	3
V_{NaOH}终读数/mL			
V_{NaOH}初读数/mL			
V_{NaOH}/mL			
V_{HCl}终读数/mL			
V_{HCl}初读数/mL			
V_{HCl}/mL			
V_{HCl}/V_{NaOH}			
V_{HCl}/V_{NaOH}的平均值			
相对偏差/%			
相对平均偏差/%			

【思考题】

1. 配制 NaOH 溶液时，应选用何种天平称取试剂？为什么？

2. 在滴定分析实验中，滴定管、移液管为何需要用滴定液和要移取的溶液润洗几次？滴定中使用的锥形瓶是否也要用滴定剂润洗？为什么？

3. 为什么用 HCl 溶液滴定 NaOH 溶液时一般采用甲基橙为指示剂，而用 NaOH 溶液滴定 HCl 溶液时以酚酞为指示剂？

4. 滴定至临近终点时加入半滴的操作是怎样进行的？

实验 3 混合碱的连续滴定分析（双指示剂法）

【实验目的】

1. 熟练滴定操作和滴定终点的判断；

2. 掌握测定混合碱的组成和含量的基本原理和方法。

【实验原理】

混合碱是 Na_2CO_3 与 NaOH 或 Na_2CO_3 与 $NaHCO_3$ 的混合物。欲测定同一份试样中各组分的含量，可用 HCl 标准溶液滴定，选用两种不同指示剂分别指示第一、第二化学计量点的到达。根据到达两个化学计量点时消耗的 HCl 标准溶液的体积，便可判别试样的组成及计算各组分含量。

$$HCO_3^{2-} + H_2O \longrightarrow HCO_3^- + OH^-$$

$$K_{b1} = \frac{K_w}{K_{a2}} = \frac{10^{-14.00}}{10^{-10.25}} = 10^{-3.75}$$

$$HCO_3^- + H_2O \longrightarrow H_2CO_3 + OH^-$$

$$K_{b2} = \frac{K_w}{K_{a1}} = \frac{10^{-14.00}}{10^{-6.38}} = 10^{-7.62}$$

$$K_{b1} = 10^{-3.75} > 10^{-8}, \quad K_{b2} = 10^{-7.62} > 10^{-8}, \quad \frac{K_{b1}}{K_{b2}} \approx 10^4 < 10^5 。$$

说明当准确度要求不高时，Na_2CO_3 和 $NaHCO_3$ 可被分步滴定。但滴定到 $NaHCO_3$ 时的准确度不是很高，大约有 1% 的误差。

在混合碱试样中加入酚酞指示剂，此时溶液呈红色，用 HCl 标准溶液滴定到溶液由红色恰好变为无色时，则试液中所含 NaOH 完全被中和，Na_2CO_3 则被中和到 $NaHCO_3$，若溶液中含 $NaHCO_3$，则未被滴定，反应如下：

$$NaOH + HCl = NaCl + H_2O$$

$$Na_2CO_3 + HCl = NaCl + NaHCO_3$$

设滴定用去的 HCl 标准溶液的体积为 V_1 (mL)，再加入甲基橙指示剂，继续用 HCl 标准溶液滴定到溶液由黄色变为橙色。此时试液中的 $NaHCO_3$（或是 Na_2CO_3 第一步被中和生成的，或是试样中含有的）被中和成 CO_2 和 H_2O：

$$NaHCO_3 + HCl = NaCl + CO_2 + H_2O$$

此时，消耗的 HCl 标准溶液（即第一计量点到第二计量点消耗的）的体积为 V_2 (mL)。

当 $V_1 > V_2$ 时，说明是 NaOH 和 Na_2CO_3 组成混合碱，当 $V_1 < V_2$ 时，说明是 Na_2CO_3 和 $NaHCO_3$ 组成混合碱。

计算公式：

NaOH 和 Na_2CO_3 组成混合碱（$V_1 > V_2$）：

$$w_{NaOH} = \frac{c(V_1 - V_2) \times M_{NaOH}}{m} \times 100\%$$

$$w_{Na_2CO_3} = \frac{c \times 2V_2 \times \frac{1}{2} \times M_{Na_2CO_3}}{m} \times 100\%$$

Na_2CO_3 和 $NaHCO_3$ 组成混合碱（$V_1 < V_2$）：

$$w_{Na_2CO_3} = \frac{c \times 2V_1 \times \frac{1}{2} \times M_{Na_2CO_3}}{m} \times 100\%$$

$$w_{NaHCO_3} = \frac{c(V_2 - V_1) \times M_{NaHCO_3}}{m} \times 100\%$$

【仪器及试剂】

试剂：混合碱试样、甲基橙指示剂（$1g \cdot L^{-1}$ 水溶液）、酚酞指示剂（$2g \cdot L^{-1}$ 乙醇溶液）、HCl 标准溶液。

仪器：分析天平、称量瓶、烧杯、容量瓶、移液管、玻璃棒、锥形瓶、酸式滴定管等。

【实验内容】

1. 混合碱试液的配制

用递减称量法准确称取 $0.80 \sim 0.85g$ 试样置于烧杯中，加 $40 \sim 50mL$ 水溶解，必要时可稍加热促进溶解，冷却后，将溶液定量转入到 250mL 容量瓶中，用水冲洗小烧杯几次，一并转入容量瓶中，用水稀释至刻度，摇匀。

2. 第一终点的滴定

用 25.00mL 移液管平行移取试液 25.00mL 三份于 250mL 锥形瓶中，加水 $20 \sim 30mL$，酚酞指示剂 $1 \sim 2$ 滴，用标定好的 HCl 标准溶液滴定至溶液恰好由红色褪至无色，记下消耗的 HCl 标准溶液的体积 V_1。

3. 第二终点的滴定

在上述溶液中再加入甲基橙指示剂 $1 \sim 2$ 滴，继续用 HCl 标准溶液滴定至溶液由黄色转变为橙色，消耗的 HCl 溶液的体积记为 V_2。

4. 平行操作三次，并计算样品中各组分的含量。

【实验数据记录与处理】

1. 判断混合碱的组成

根据第一终点、第二终点消耗 HCl 标准溶液的体积 $V_1(mL)$ 和 $V_2(mL)$ 的大小判断混合碱的组成。

2. 计算分析结果。

根据混合碱的组成，写出各自的滴定反应式，推出计算公式，计算各组分的含量。

表 3-4 混合碱的组成测定分析

HCl 标准溶液浓度/(mol·L^{-1})			
混合碱质量/g			
滴定初始读数/mL			
第一终点读数/mL			
第二终点读数/mL			
V_1/mL			
V_2/mL			
相对偏差/%			
相对平均偏差/%			
平均 V_1/mL			
平均 V_2/mL			
w_{NaOH}			
$w_{Na_2CO_3}$			
w_{NaHCO_3}			

【注意事项】

1. 在第一终点滴完后的锥形瓶中加甲基橙，立即滴 V_2。千万不能在三个锥形瓶先分别滴 V_1，再分别滴 V_2。

2. 滴定第一终点时酚酞指示剂可适当多滴几滴，以防 NaOH 滴定不完全而使 NaOH 的测定结果偏低，Na_2CO_3 的测定结果偏高。

3. 混合碱测定在第一终点时生成 $NaHCO_3$ 应尽可能保证不生成 CO_2，所以，接近终点时，滴定速度一定不能过快！否则造成 HCl 局部过浓，与 $NaHCO_3$ 反应生成 CO_2，导致 V_1 偏大，V_2 偏小，带来较大的误差。另外，滴定速度亦不能太慢，摇动要均匀、缓慢，不要剧烈振动！

4. 临近第二终点时，一定要充分摇动，以防止形成 CO_2 的过饱和溶液而使终点提前到达。

5. 注意数据记录和计算时有效数字的位数。

【思考题】

1. 什么叫双指示剂法？

2. 酸碱滴定法中，选择指示剂的依据是什么？

实验 4　EDTA 标准溶液的配制和标定

【实验目的】

1. 学会 EDTA 标准溶液的配制和标定方法。

2. 练习用纯 $CaCO_3$ 作为基准物质来标定 EDTA 标准溶液。

3. 熟悉二甲酚橙和钙指示剂的使用及其终点判断。

【实验原理】

EDTA，中文名称是乙二胺四乙酸，分子式 $C_{10}H_{16}N_2O_8$，常用 H_4Y 表示。它有六个配位原子，是化学中一种良好的配合剂，能和碱金属、稀土元素和过渡金属等形成稳定的水溶性络合物，与金属离子形成螯合物时，络合比皆为 1:1。在配位滴定中经常用到，一般是测定金属离子的含量。

EDTA 广泛用于水处理剂、洗涤用添加剂、锅炉清洗剂及分析试剂。在生物应用中，用于排除大部分过渡金属元素离子［如铁（Ⅲ），镍（Ⅱ），锰（Ⅱ）］的干扰。在蛋白质工程及试验中可在不影响蛋白质功能的情况下去除干扰离子。

EDTA 难溶于水，实验用的是它的二钠盐——乙二胺四乙酸二钠（$Na_2H_2Y \cdot H_2O$，相对分子质量 372.2），也简称为 EDTA。在水中溶解度 10.8g/100g 水（22℃），23.6g/100g 水（80℃）。其结构及作用原理如图 3-1～图 3-3 所示。

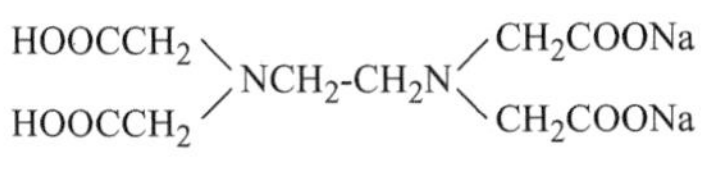

图 3-1　EDTA 的结构式

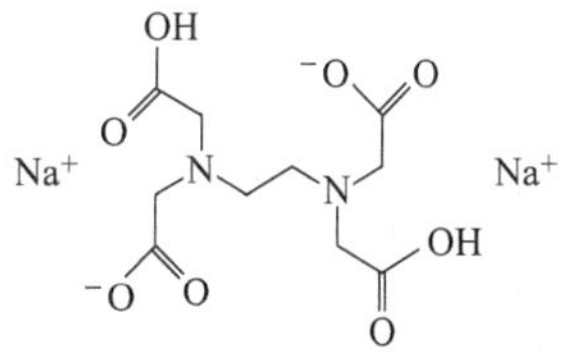

图 3-2　EDTA 的结构图

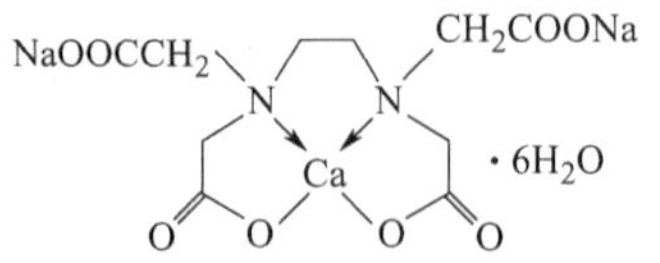

图 3-3　乙二胺四乙酸二钠与钙离子作用

　　EDTA 因常吸附 0.3% 的水分且其中含有少量杂质而不能直接配制标准溶液，通常采用标定法测定 EDTA 标准溶液的浓度。标定 EDTA 标准溶液的基准物质很多，常用的有金属 Zn、Cu、Pb、Bi 等，金属氧化物 ZnO、Bi_2O_3 等，盐类 $CaCO_3$、$MgSO_4 \cdot 7H_2O$ 等，通常选用其中与被测物组分相同的物质作为基准物，这样，滴定条件一致，可减少系统误差。本实验配制的 EDTA 标准溶液，用来测定自来水的硬度，所以选用 $CaCO_3$ 作为基准物。

　　金属指示剂是一些有色的有机配合剂，在一定条件下能与金属离子形成有色配合物，其颜色与游离指示剂的颜色不同，因此用它能指示滴定过程中金属离子浓度的变化情况，但其用量要适当。配位反应比酸碱反应进行慢，在滴定过程中，EDTA 溶液滴加速度不能太快，尤其近终点时，应逐滴加入，充分摇动。

　　标定 EDTA 溶液可以用钙指示剂、二甲酚橙（XO）、铬黑 T 等作为指示剂。铬黑 T 指示剂在溶液 pH 值为 9～10.5 的条件下显蓝色，能和 Ca^{2+} 生成稳定的红色配合物。当用 EDTA 标准溶液滴定时，Ca^{2+} 与 EDTA 生成无色的配合物，当接近化学计量点时，已与指示剂配合的金属离子被 EDTA 夺出，释放出指示剂，溶液即显示出游离指示剂的颜色，当溶液从紫红色变为纯蓝色，即为滴定终点。反应式如下：

滴定前　　　　　$Ca^{2+} + HIn^{2-} =\!=\!= CaIn^-$（紫红色）$+ H^+$

滴定中　　　　　$Ca^{2+} + H_2Y^{2-} =\!=\!= CaY^{2-}$（无色）$+ 2H^+$

终点时　　　　　$CaIn^- + H_2Y^{2-} =\!=\!= CaY^{2-} + HIn^{2-}$（纯蓝色）$+ H^+$

　　铬黑 T（图 3-4）是偶氮类染料，棕黑色粉末，溶于水，分子式 $C_{20}H_{12}N_3NaO_7S$，相对分子质量 461.38。主要用作检验金属离子和水质测定，是实验室常备的分析试剂。在溶液中存在下列平衡：

$$H_2In^- \xrightarrow{pK_{a2}=6.3} HIn^{2-} \xrightarrow{pK_{a3}=11.6} In^{3-}$$

　　　　　　紫红　　　　　　　　蓝　　　　　　　　橙

　　游离铬黑 T pH＜6.3 时，是紫红色；pH＝6.6～11.6 显蓝色；pH＞11.6 是橙色。铬黑 T 与二价金属离子形成的配合物都是红色或紫红色的。因此，只有在 pH＝7～11 范围内使用，指示剂才有明显的颜色变化。根据实验，最适宜的酸度为 pH＝9～10.5。

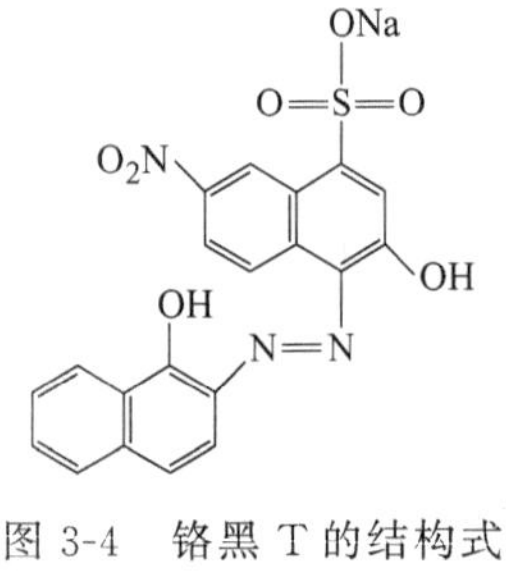

图 3-4　铬黑 T 的结构式

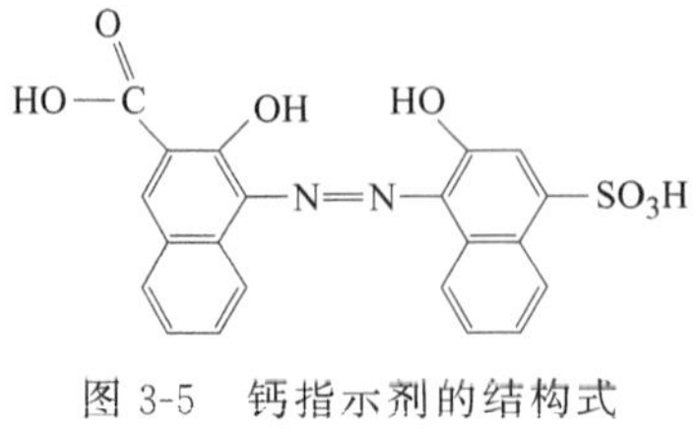

图 3-5　钙指示剂的结构式

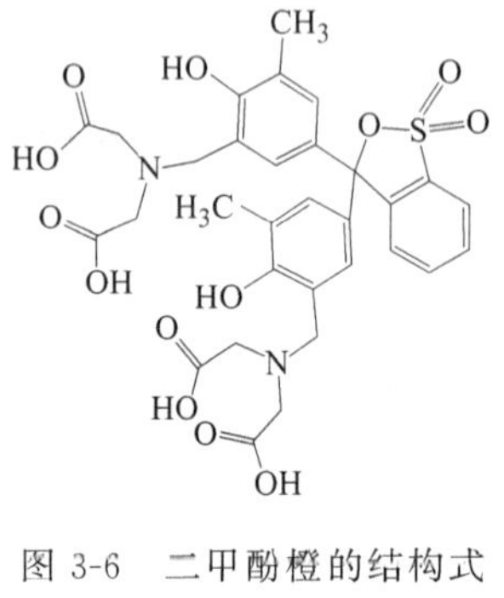

图 3-6　二甲酚橙的结构式

钙指示剂（图 3-5）是紫黑色粉末，分子式 $C_{21}H_{14}N_2O_7S$，相对分子质量 438.41，在 pH＝12.0～14.0 之间显蓝色，$HInd^{2-}$ 与 Ca^{2+} 形成比较稳定的红色配合物，终点变色较铬黑 T 敏锐。反应如下：

$$HInd^{2-}（纯蓝色）+Ca^{2+}\Longrightarrow CaInd^-（酒红色）+H^+$$

EDTA 若用于测定 Pb^{2+}、Bi^{3+}，则宜以 ZnO 或金属锌为基准物，以二甲酚橙为指示剂，在 pH＝5～6 的溶液中，二甲酚橙为指示剂本身显黄色，与 Zn^{2+} 离子的络合物呈紫红色。EDTA 与 Zn^{2+} 形成更稳定的络合物，因此用 EDTA 溶液滴定至近终点时，二甲酚橙游离出来，溶液由紫红色变成黄色。

二甲酚橙（图 3-6）是红棕色结晶性粉末。易吸湿，易溶于水。分子式 $C_{31}H_{32}N_2O_{13}S$，相对分子质量 672.66。它有 6 级酸式解离，其中 H_6In 至 H_2In^{4-} 都是黄色，HIn^{5-} 至 In^{6-} 是红色。在 pH＝5～6 时，二甲酚橙主要以 H_2In^{4-} 形式存在。H_2In^{4-} 的酸碱解离平衡如下：

$$H_2In^{4-}（黄）\Longrightarrow H^+ + HIn^{5-}（红）(pK_a=6.3)$$

由此可知，pH＞6.3 时，它呈现红色；pH＜6.3 时，呈现黄色；pH＝pK_a＝6.3 时，呈现中间颜色。二甲酚橙与金属离子形成的配合物都是红紫色，因此它只适用于在 pH＜6 的酸性溶液中。

【仪器及试剂】

试剂：EDTA，$CaCO_3$，HCl，钙指示剂，NaOH 溶液 $1mol\cdot L^{-1}$。

1. 以 $CaCO_3$ 为基准物时所用试剂

乙二胺四乙酸二钠盐（分析纯），$CaCO_3$（基准试剂），NH_3-NH_4Cl 缓冲溶液（pH 值≈10），铬黑 T $5g\cdot L^{-1}$ 水溶液，氨水(1+2)，HCl(1+1)。

Mg^{2+}-EDTA 溶液：分别配制 $0.05mol\cdot L^{-1}$ 的 $MgCl_2$ 溶液和 $0.05mol\cdot L^{-1}$ 的 EDTA 溶液各 500mL。移取 25.00mL $MgCl_2$ 溶液，加入 5mL 缓冲溶液（pH 值≈10），滴加 2～3 滴铬黑 T，用 EDTA 滴定至 $MgCl_2$ 溶液为纯蓝色，记下消耗的 EDTA 的体积。按比例把剩余的 $MgCl_2$ 和 EDTA 混合，确保 Mg^{2+} 与 EDTA 的物质的量之比为 1∶1。

2. 以 ZnO（或 Zn）为基准物时所用试剂

乙二胺四乙酸二钠盐（分析纯），ZnO（基准试剂），氨水（1∶1），六亚甲基四胺（20%），二甲酚橙指示剂（$2g\cdot L^{-1}$ 水溶液），盐酸（1∶1）。

仪器：台秤，分析天平，烧杯（50mL，500mL），试剂瓶，称量瓶，表面皿，量筒，容量瓶，移液管，锥形瓶，酸式滴定管等。

【实验内容】

1. 配制 $0.02mol\cdot L^{-1}$ EDTA 标准溶液

在台秤上称取 EDTA 3.5～4.0g，溶于 100mL 去离子水中，然后转移至 500mL 试剂瓶中，再加入 400mL 去离子水，摇匀，贴上标签。

2. 以 $CaCO_3$ 为基准物标定 EDTA 溶液

（1）配制 $0.02mol\cdot L^{-1}$ 钙标准溶液

准确称取干燥的 $CaCO_3$ 基准试剂 0.4～0.5g（注意容量瓶与移液管的体积比）于 250mL 烧杯中，用少量水润湿，盖上表面皿。从杯嘴内缓缓加入 1∶1 的 HCl 约 5.0mL，使之溶解。溶解后将溶液转入 250mL 容量瓶中，定容，摇匀，计算其准确浓度。

（2）标定

用移液管移取 25.00mL 钙标准溶液，加入 250mL 锥形瓶中，滴加 1 滴甲基红指示剂，用氨水中和过量的 HCl，至溶液由红色变为黄色。再加入 5mL Mg^{2+}-EDTA 溶液，10.0mL 缓冲溶液和 2 滴铬黑 T。摇匀后，用 EDTA 溶液滴定到溶液由紫红色变为纯蓝色，即为终点。记录消耗 EDTA 溶液的体积，平行测定三次。

3. 以 ZnO 为基准物标定 EDTA 溶液

（1）配制 $0.02mol \cdot L^{-1}$ 锌标准溶液

准确称取在 $800 \sim 1000℃$ 灼烧过的 ZnO 基准物 $0.2 \sim 0.3g$（准确至 0.1mg）于小烧杯中，加少量去离子水润湿后，缓慢地滴加 1∶1 的 HCl 5.0mL，同时搅拌至完全溶解。然后，将溶液定量转移到 250mL 容量瓶中，稀释至刻度并摇匀。

（2）标定

用移液管移取 25.00mL 锌标准溶液，加入约 20mL 水，2 滴二甲酚橙，摇匀后，先加 1∶1 的氨水至溶液由黄色刚变橙色，然后滴加 20％六亚甲基四胺至溶液呈稳定的紫红色后，再多加 4.0mL。用 EDTA 溶液滴定到溶液由紫红色变为亮黄色，即为终点，记录消耗 EDTA 溶液的体积。平行测定三次。

【实验数据记录与处理】

表 3-5　$CaCO_3$ 标定 EDTA 溶液

序号	1	2	3
（$CaCO_3$＋瓶）初质量/g			
（$CaCO_3$＋瓶）末质量/g			
$CaCO_3$ 质量/g			
容量瓶的体积/mL			
移取 Ca^{2+} 溶液的体积/mL			
EDTA 初读数/mL			
EDTA 终读数/mL			
V_{EDTA}/mL			
c_{EDTA}/(mol·L^{-1})			
EDTA 平均浓度/(mol·L^{-1})			
相对偏差/％			
平均相对偏差/％			

表 3-6　ZnO 标定 EDTA 溶液

序号	1	2	3
（ZnO＋瓶）初质量/g			
（ZnO＋瓶）末质量/g			
ZnO 质量/g			
容量瓶的体积/mL			
移取 Zn^{2+} 溶液的体积/mL			
EDTA 初读数/mL			
EDTA 终读数/mL			

续表

序号	1	2	3
V_{EDTA}/mL			
$c_{EDTA}/(mol \cdot L^{-1})$			
EDTA 平均浓度/$(mol \cdot L^{-1})$			
相对偏差/%			
平均相对偏差/%			

根据所耗 EDTA 溶液的体积和 $CaCO_3$、ZnO 的质量，计算出 EDTA 标准溶液的准确浓度。

【注意事项】

1. $CaCO_3$ 基准试剂加 HCl 溶解时，速度要慢，以防剧烈反应产生 CO_2 气泡，而使 $CaCO_3$ 溶液飞溅损失。

2. 配位滴定反应进行较慢，因此滴定速度不宜太快，尤其临近终点时，更应缓慢滴定，并充分摇动。

3. EDTA 二钠盐溶解速度较慢，溶解需要一定时间。所以可以提前配制。EDTA 不能直接在试剂瓶中溶解试剂。因固体溶解过程中有的有热效应，试剂溶解速度慢，在烧杯中溶解，可搅拌，可加热，使试剂全溶。

4. 用 Zn^{2+} 标准溶液滴定 EDTA 标准溶液时，加了二甲酚橙指示剂后，如果溶液为黄色，原因是溶液中的酸度大了，指示剂不能与 Zn^{2+} 形成 ZnIn，因而呈现指示剂的颜色。解决方法：边滴加六亚甲基四胺边搅拌溶液，直至溶液为稳定的红紫色，再多加 3.0mL，用精密 pH 试纸测试，确定溶液 pH 在 5~6。

【思考题】

1. 阐述 Mg^{2+}-EDTA 能够提高终点敏锐度的原理。

2. 为什么要使用两种指示剂分别标定？

3. 为什么选用六亚甲基四胺-盐酸作为缓冲溶液？

4. 滴定为什么要在缓冲溶液中进行？如果没有缓冲溶液存在，将会导致什么现象发生？

实验 5　水硬度的测定

【实验目的】

1. 掌握 EDTA 滴定法测定水硬度的原理和操作方法。

2. 熟悉指示剂的使用条件和终点变化。

3. 进一步熟练配位滴定操作和滴定终点的判断。

4. 进一步练习移液管、滴定管的使用及滴定操作。

【实验原理】

水的硬度是指水中二价及多价金属离子含量的总和。这些离子包括 Ca^{2+}、Mg^{2+}、Fe^{2+}、Mn^{2+}、Fe^{3+}、Al^{3+} 等。构成天然水硬度的主要离子是 Ca^{2+} 和 Mg^{2+}，其他离子在一般天然水中含量都很少，在构成水硬度上可以忽略。因此，一般都以 Ca^{2+} 和 Mg^{2+} 的含量来计算硬度。

水的硬度可分为暂时硬度（也称"碳酸盐硬度"）和永久硬度（也称"非碳酸盐硬度"）两类。通常把暂时硬度与永久硬度之和称为总硬度。

水中 Ca^{2+}、Mg^{2+} 以酸式碳酸盐形式存在的部分，因其遇热即形成碳酸盐沉淀而被除去，称之为暂时硬度；而以硫酸盐、硝酸盐和氯化物等形式存在的部分，因其性质比较稳定，不能够通过加热的方式除去，故称为永久硬度。

表示水硬度大小的单位有多种。目前在文献中使用较多的有以下三种。

① 毫摩尔/升（$mmol \cdot L^{-1}$）　以 1L 水中含有的形成硬度离子的物质的量之和来表示。一般以 Ca^{2+}、Mg^{2+} 等作为基本单元。单位为 $mmol \cdot L^{-1}$。

② 毫克/升（$CaCO_3$）　以 1L 水中所含有的形成硬度的离子的量所相当的 $CaCO_3$ 的质量表示，单位为 $mg \cdot L^{-1}$（$CaCO_3$）。这个水硬度单位美国常用。

以碳酸钙浓度表示的硬度大致分为：$0 \sim 75 mg \cdot L^{-1}$ 极软水；$75 \sim 150 mg \cdot L^{-1}$ 软水；$150 \sim 300 mg \cdot L^{-1}$ 中硬水；$300 \sim 450 mg \cdot L^{-1}$ 硬水；$450 \sim 700 mg \cdot L^{-1}$ 高硬水；$700 \sim 1000 mg \cdot L^{-1}$ 超高硬水；$>1000 mg \cdot L^{-1}$ 特硬水。

美国供水工程协会水质标准 $80 \sim 100 mg \cdot L^{-1}$（$CaCO_3$，下同），欧盟饮用水标准 $60 mg \cdot L^{-1}$，加拿大饮用水标准 $\leqslant 300 mg \cdot L^{-1}$，澳大利亚饮用水标准 $\leqslant 200 mg \cdot L^{-1}$，我国《生活饮用水卫生标准 GB/T 5750—2006》中，要求总硬度 $\leqslant 450 mg \cdot L^{-1}$。

③ 德国度（$°dH$）　1L 水中含有相当于 10mg 的 CaO，其硬度即为 1 个德国度（$1°dH$）。

水的硬度是表示水质的一个重要指标，是确定用水质量和进行水处理的重要依据。通过测定水的硬度可以知道其是否可以用于工业生产及日常生活，如硬度高的水可使肥皂沉淀使洗涤剂的效用大大降低，纺织工业上硬度过大的水使纺织物粗糙且难以染色；烧锅炉易堵塞管道，引起锅炉爆炸事故；高硬度的水，难喝、有苦涩味，饮用后甚至影响胃肠功能等。

测定水的总硬度，一般采用配位滴定法。最常用的配位剂是乙二胺四乙酸二钠盐，即 EDTA，它在溶液中以 Y^{4-} 的形式与 Ca^{2+}、Mg^{2+} 配位，形成 1:1 的无色配合物。

水的硬度的测定可分为水的总硬度和钙、镁硬度的分别测定两种，前者是测定 Ca、Mg 总量，并以钙的化合物（即 1mol 的 Mg 折合为 1mol 的 Ca）含量表示，后者是分别测定 Ca 和 Mg 的含量。

1. 水的总硬度的测定

测定钙镁总硬时，在 pH＝10 的缓冲溶液中，以铬黑 T（EBT）为指示剂，用 EDTA 标准溶液滴定。铬黑 T 与 EDTA 都能与 Ca^{2+}、Mg^{2+} 形成配合物，配合物的稳定性：$CaY^{2-} > MgY^{2-} > MgIn^- > CaIn^-$。滴定前，铬黑 T 与溶液中的部分 Mg^{2+} 反应生成 $MgIn^-$ 而显酒红色；滴定时，EDTA 首先与溶液中游离的 Ca^{2+} 反应，然后与游离的 Mg^{2+} 反应，均生成无色配合物；滴定至终点，铬黑 T 被 EDTA 从 $MgIn^-$ 中置换出来，溶液就由酒红色变成为游离铬黑 T 的蓝色。其反应简式如下：

滴定前　　　　　$Mg^{2+} + H_2In^-$（蓝色）$=\!=\!= MgIn^-$（紫红色）$+ 2H^+$

滴定时　　　　　　　　$Ca^{2+} + H_2Y^{4-} =\!=\!= CaY^{2-}$（无色）$+ 2H^+$

　　　　　　　　　　　$Mg^{2+} + H_2Y^{4-} =\!=\!= MgY^{2-}$（无色）$+ 2H^+$

终点时　　　$MgIn^-$（紫红色）$+ H_2Y^{4-} =\!=\!= MgY^{2-}$（无色）$+ H_2In^-$（蓝色）

滴定时，Fe^{3+}、Al^{3+} 等干扰离子用三乙醇胺掩蔽；Cu^{2+}、Pb^{2+}、Zn^{2+} 等重金属离子

则可用 KCN、Na_2S 或巯基乙酸等掩蔽。

2. 钙、镁硬度的分别测定

测定钙硬度时，用 NaOH 调节溶液 pH 值为 12.0～13.0，使溶液中的 Mg^{2+} 形成 $Mg(OH)_2$ 白色沉淀，以钙指示剂为指示剂，指示剂与钙离子形成红色的络合物，滴入 ED-TA 时，钙离子逐步被络合，当接近化学计量点时，已与指示剂络合的钙离子被 EDTA 夺出，释放出指示剂，此时溶液为蓝色。

水的总硬度减去钙硬度，即为水样的镁硬度。

【仪器及试剂】

试剂：EDTA 溶液（$0.02mol \cdot L^{-1}$）、氨性缓冲溶液（pH≈10，称取 20g NH_4Cl，溶解后，加 100mL 浓氨水，用水稀至 1L）、铬黑 T 指示剂（$5g \cdot L^{-1}$）、三乙醇胺溶液（1+2）、NaOH（$1mol \cdot L^{-1}$）、HCl(1+1)、钙指示剂。

仪器：量筒，移液管，锥形瓶，酸式滴定管

【实验内容】

1. 总硬度的测定

用移液管吸取 100.00mL 自来水样置于 250mL 锥形瓶中，加氨性缓冲溶液 5mL，再加 3～4 滴铬黑 T 指示剂，用 EDTA 标准溶液滴定，至溶液由酒红色变为蓝色即为终点，记录所消耗 EDTA 的体积 V_1。平行测定 3 次。

2. 钙硬度的测定

用移液管吸取 100.00mL 自来水样置于 250mL 锥形瓶中，加入 5mL $1mol \cdot L^{-1}$ NaOH 溶液，再加 3～4 滴钙指示剂，用 EDTA 标准溶液滴定至溶液由酒红色变为蓝色即为终点，记录所消耗 EDTA 的体积 V_2。平行测定 3 次。

【实验数据记录与处理】

表 3-7　总硬度的测定记录表

项目	1	2	3
水样体积/mL			
滴定管初读数/mL			
滴定管终读数/mL			
EDTA 标液体积/mL			
总硬度（$CaCO_3$）/($mg \cdot L^{-1}$)			
平均总硬度（$CaCO_3$）/($mg \cdot L^{-1}$)			
水的总硬度/(°)			
平均总硬度/(°)			
相对偏差			
相对平均偏差			

表 3-8　钙硬度的测定记录表

项目	1	2	3
水样体积/mL			
滴定管初读数/mL			

续表

项目	1	2	3
滴定管终读数/mL			
EDTA 标液体积/mL			
Ca^{2+} 含量/$(mg \cdot L^{-1})$			
Ca^{2+} 平均含量/$(mg \cdot L^{-1})$			
相对偏差			
相对平均偏差			

1. 数据处理

根据消耗的 EDTA 的体积和浓度，分别计算水的总硬度、钙硬度和镁硬度。

$$总硬度(mg \cdot L^{-1}) = \frac{(c\overline{V}_1)_{EDTA} \times M_{CaO}}{V_水}$$

$$总硬度(°) = \frac{(c\overline{V}_1)_{EDTA} \times M_{CaO}}{V_水 \times 10mg/L}$$

式中　c——EDTA 的浓度，$mol \cdot L^{-1}$；

V_1——测定总硬度时消耗 EDTA 的平均体积，mL；

M_{CaO}——CaO 的摩尔质量，$56.08g \cdot mol^{-1}$；

$V_水$——自来水的体积，mL。

$$\rho_{Ca}(mg \cdot L^{-1}) = \frac{(c\overline{V}_2)_{EDTA} \times M_{Ca}}{V_水}$$

式中　c——EDTA 的浓度，$mol \cdot L^{-1}$；

V_2——测定钙硬度时消耗 EDTA 的平均体积，mL；

M_{Ca}——Ca 的摩尔质量，$40.08g \cdot mol^{-1}$；

$V_水$——自来水的体积，mL。

$$\rho_{Mg}(mg \cdot L^{-1}) = \frac{c(\overline{V}_1 - \overline{V}_2)_{EDTA} \times M_{Mg}}{V_水}$$

式中　c——EDTA 的浓度，$mol \cdot L^{-1}$；

V_1——测定总硬度时消耗 EDTA 的平均体积，mL；

V_2——测定钙硬度时消耗 EDTA 的平均体积，mL；

M_{Mg}——Mg 的摩尔质量，$24.31g \cdot mol^{-1}$；

$V_水$——自来水的体积，mL。

2. 硬度单位的换算

毫克/升（$CaCO_3$）换算成德国度时，需乘以系数 0.056，即：1 毫克/升（$CaCO_3$）相当于 0.056（°dH）。

【注意事项】

1. 若有 CO_2 或 CO_3^{2-} 存在会和 Ca^{2+} 结合生成 $CaCO_3$ 沉淀，使终点拖后，变色不敏锐。故应在滴定前将水样酸化并煮沸以除去 CO_2。HCl 不宜多加，以免影响滴定时溶液的 pH。自来水样较纯、杂质少，可省去水样酸化、煮沸、加 Na_2S 掩蔽剂等步骤。

2. 铬黑 T 和 Mg^{2+} 显色灵敏度高于 Ca^{2+} 显色的灵敏度，当水样中 Mg^{2+} 含量较低时，终点变色不敏锐。为此可在 EDTA 标准溶液中加入适量 Mg^{2+}（标定前加入，不影响测定结果）；或者在缓冲溶液中加入一定量的 Mg-EDTA 盐，利用置换滴定来提高终点变色的敏锐性或者改用酸性铬蓝 K 作指示剂。

3. 应该用移液管移取 100.00mL 自来水，不能用量筒、小烧杯等容器移取。

4. 配位滴定速度不能太快，特别是近终点时要逐滴加入，并充分摇动。因为配位反应速度较中和反应要慢一些。

【思考题】

1. 如水样中含有 Al^{3+}、Fe^{3+}、Cu^{2+}，能否用铬黑 T 为指示剂进行测定，如可以，实验应该如何做？

2. 为什么滴定 Ca^{2+}、Mg^{2+} 总量时要控制 pH≈10，而滴定 Ca^{2+} 分量时要控制 pH 为 12～13？ 若 pH>13 时测 Ca^{2+} 对结果有何影响？

3. 为什么钙指示剂能在 pH=12～13 的条件下指示终点？

4. 怎样减少测定钙硬度时的返红现象？

实验 6　高锰酸钾标准溶液的配制和标定

【实验目的】

1. 掌握 $KMnO_4$ 溶液的配制与标定过程和保存条件，了解自动催化反应。

2. 掌握 $Na_2C_2O_4$ 做基准物质标定高锰酸钾溶液的方法。

【实验原理】

高锰酸钾（$KMnO_4$，$M_r=158.04$），紫黑色针状结晶，溶解度 6.38g/100mL（20℃）。在化学品生产中，广泛用作氧化剂；在医药上用作防腐剂、消毒剂、除臭剂及解毒剂；还用作水处理剂、漂白剂，防毒面具的吸附剂等。

高锰酸钾是氧化还原滴定中最常用的氧化剂之一，其氧化性能受 pH 影响很大，作为氧化剂在酸性溶液中氧化能力最强所以通常在酸性溶液中进行滴定，反应时锰的氧化数由 +7 变到 +2。

$KMnO_4$ 试剂常含有少量 MnO_2 和 Cl^-、SO_4^{2-} 和 NO_3^- 等杂质离子；另外，其氧化性很强，稳定性不高，在生产、储存及配制成溶液的过程中易与其他还原性物质作用，例如配制时，蒸馏水中常含有少量的有机物质，能与 $KMnO_4$ 发生氧化还原反应，使 $KMnO_4$ 分解，且还原产物能促进 $KMnO_4$ 自身分解，分解反应式如下：

$$2MnO_4^- + 2H_2O === 4MnO_2 + 3O_2\uparrow + 4OH^-$$

光照也会促进分解。因此，$KMnO_4$ 的浓度容易改变，不能直接配制成标准溶液，应把 $KMnO_4$ 溶液保持微沸 1h 或在暗处放置 7～10d，使 $KMnO_4$ 把水中还原性杂质充分氧化。溶液浓度趋于稳定后，过滤除去还原产物 MnO_2 等杂质，保存于棕色瓶中，标定其准确浓度。已标定过的 $KMnO_4$ 溶液，如果长期使用必须定期重新标定。

标定 $KMnO_4$ 的基准物质较多，有 As_2O_3、$H_2C_2O_4 \cdot 2H_2O$、$Na_2C_2O_4$ 和纯铁丝等。$Na_2C_2O_4$ 不含结晶水，不宜吸湿，易纯制，性质稳定，是实验室经常使用的基准物质。用 $Na_2C_2O_4$ 标定 $KMnO_4$ 的反应为：

$$2MnO_4^- + 5C_2O_4^{2-} + 16H^+ \Longrightarrow 2Mn^{2+} + 10CO_2\uparrow + 8H_2O$$

反应要在酸性、较高温度和有 Mn^{2+} 作催化剂的条件下进行。滴定温度不能低于 $60℃$，如果温度太低，开始的反应速度太慢；也不能过高，温度如果高于 $90℃$，$C_2O_4^{2-}$ 会分解。

反应开始较慢，$KMnO_4$ 溶液必须逐滴加入，如滴加过快，加入的 $KMnO_4$ 溶液来不及与 $C_2O_4^{2-}$ 反应，在热的酸性溶液中发生分解，影响标定的准确度：

$$4MnO_4^- + 4H^+ \Longrightarrow 4MnO_2 + 3O_2\uparrow + 2H_2O$$

待溶液中产生 Mn^{2+} 后，由于 Mn^{2+} 的催化作用，会使反应速率逐渐加快。

因为 $KMnO_4$ 溶液本身具有特殊的紫红色，极易察觉，故用它作为滴定剂时，不需要另加指示剂，滴定终点时，显示 $KMnO_4$ 本身的紫红色，称为自身指示剂。

【仪器及试剂】

试剂：高锰酸钾（AR）、草酸钠（$M_r = 134$，基准试剂，在 $110℃$ 左右烘干 2h 备用）；硫酸（$3mol\cdot L^{-1}$）。

仪器：台秤，分析天平，小烧杯，大烧杯（1000mL），酒精灯，棕色试剂瓶，微孔玻璃漏斗，称量瓶，锥形瓶，量筒，酸式滴定管，水浴锅等。

【实验内容】

1. 配制 300mL $0.02mol\cdot L^{-1}$ 高锰酸钾标准溶液

用台秤称取 1.0g 固体 $KMnO_4$ 于烧杯中，加入 200mL 蒸馏水，煮沸约 1h，自然冷却后用微孔玻璃漏斗过滤，滤液装入棕色试剂瓶中，用水稀释至 300mL，贴上标签，一周后标定。

如果将称取的高锰酸钾溶于烧杯中，加 320mL 水（由于要煮沸使水蒸发，可适当多加些水），盖上表面皿，加热至沸，保持微沸状态 1h，则不必长期放置，冷却后用玻璃砂芯漏斗过滤除去杂质后，将溶液储于棕色试剂瓶可直接标定使用。

2. 高锰酸钾标准溶液的标定

准确称取 $0.13 \sim 0.16g$ 干燥后的 $Na_2C_2O_4$ 三份，分别置于 250mL 的锥形瓶中，加约 20mL 水和 10mL $3mol\cdot L^{-1}$ H_2SO_4，在水浴锅中慢慢加热直到锥形瓶口有蒸气冒出（约 $75\sim85℃$）。趁热用待标定的 $KMnO_4$ 溶液进行滴定。开始滴定时，速度宜慢，不断摇动溶液，当前一滴 $KMnO_4$ 的紫红色褪去后再滴入第二滴，待溶液中产生了 Mn^{2+} 后，滴定速度可适当加快。近终点时，应缓慢滴定，并充分摇匀。溶液呈现微红色并且 30s 不褪色即为终点。记录消耗的 $KMnO_4$ 溶液的体积。平行测定三次。

【注意事项】

1. 蒸馏水中常含有少量的还原性物质，使 $KMnO_4$ 还原为 $MnO_2\cdot nH_2O$。市售高锰酸钾内含的细粉状的 $MnO_2\cdot nH_2O$ 能加速 $KMnO_4$ 的分解，故通常将 $KMnO_4$ 溶液煮沸一段时间，冷却后，还需放置 $2\sim3d$，使之充分作用，然后将沉淀物过滤除去。

2. 过滤后玻璃砂芯漏斗及烧杯上沾有 MnO_2，要用硫酸/草酸过饱和溶液洗（硫酸具有腐蚀性，操作时要小心，避免烧伤皮肤。另外，废液要回收）。

3. 滴定温度

在室温条件下，$KMnO_4$ 与 $C_2O_4^-$ 之间的反应速度缓慢，故加热提高反应速度。但温度又不能太高，如温度超过 $85℃$ 则有部分 $H_2C_2O_4$ 分解，反应式如下：

$$H_2C_2O_4 \Longrightarrow CO_2\uparrow + CO\uparrow + H_2O$$

4. 酸度

草酸钠溶液的酸度在开始滴定时，约为 $1mol \cdot L^{-1}$，滴定终点时，约为 $0.5mol \cdot L^{-1}$，这样能促使反应正常进行，并且防止 MnO_2 的形成。滴定过程如果发生棕色浑浊（MnO_2），应立即加入 H_2SO_4 补救，使棕色浑浊消失。

5. 滴定速度

该反应为自动催化反应，反应中生成的 Mn^{2+} 具有催化作用。因此开始滴定时，应逐滴加入，待到第一滴 $KMnO_4$ 完全褪色后，再滴加第二滴。以后可适当加快滴定速度，但滴定过快则局部 $KMnO_4$ 过浓而分解，放出 O_2 或引起杂质的氧化，都可造成误差。

如果滴定速度过快，部分 $KMnO_4$ 将来不及与 $Na_2C_2O_4$ 反应，而会分解，导致结果偏低：

$$4MnO_4^- + 4H^+ \rightleftharpoons 4MnO_2 + 3O_2 \uparrow + 2H_2O$$

6. 滴定终点

$KMnO_4$ 溶液自身也是指示剂。滴定至化学计量点时，过量的 $KMnO_4$ 使溶液显示微红色而指示滴定终点。此终点不是很稳定，若在空气中放置一段时间后，空气中的还原性物质可使 $KMnO_4$ 分解，所以，当溶液出现微红色，在 30s 内不褪色，就可认为滴定已经完成。

对终点有疑问时，可先将滴定管读数记下，再加入 1 滴 $KMnO_4$ 溶液，发生紫红色即证实终点已到，滴定时不要超过计量点。

7. $KMnO_4$ 标准溶液应放在酸式滴定管中，由于 $KMnO_4$ 溶液颜色很深，液面凹下弧线不易看出，因此，应该从液面最高边上读数。

【实验数据记录与处理】

1. 数据记录

表 3-9　滴定记录表

项目	1	2	3
$Na_2C_2O_4$ 质量/g			
滴定管初读数/mL			
滴定管终读数/mL			
消耗的 $KMnO_4$ 溶液体积/mL			
$KMnO_4$ 溶液浓度/(mol·L⁻¹)			
$KMnO_4$ 溶液平均浓度			
相对偏差/%			
相对平均偏差/%			

2. 数据处理

根据 $Na_2C_2O_4$ 的质量和消耗 $KMnO_4$ 溶液的体积计算 $KMnO_4$ 浓度及相对平均偏差，相对平均偏差应在 0.2% 以内。

【思考题】

1. 配制 $KMnO_4$ 标准溶液时，为什么要将 $KMnO_4$ 溶液煮沸一定时间并放置数天？配好的 $KMnO_4$ 溶液为什么要过滤后才能保存？

2. 配制好的 $KMnO_4$ 溶液为什么要盛放在棕色瓶中保护？如果没有棕色瓶怎么办？

3. 在滴定时，$KMnO_4$ 溶液为什么要放在酸式滴定管中？

4. 用 $Na_2C_2O_4$ 标定 $KMnO_4$ 时，为什么必须在 H_2SO_4 介质中进行？酸度过高或过低有何影响？可以用 HNO_3 或 HCl 调节酸度吗？

5. 盛放 $KMnO_4$ 溶液的烧杯或锥形瓶等容器放置较久后，其壁上常有棕色沉淀物，是什么？此棕色沉淀物用通常方法不容易洗净，应怎样洗涤才能除去此沉淀？

实验 7　过氧化氢含量的测定

【实验目的】

1. 掌握高锰酸钾法测定过氧化氢的原理和方法。
2. 掌握用吸量管移取试液的操作。
3. 学会测定过氧化氢的含量的操作。

【实验原理】

过氧化氢化学式为 H_2O_2，其水溶液俗称双氧水。外观为无色透明液体，一般以 30% 或 60% 的水溶液形式存放。

双氧水的用途分医用、军用和工业用三种，日常消毒的是医用双氧水，医用双氧水可杀灭肠道致病菌、化脓性球菌、致病酵母菌，一般用于物体表面消毒。双氧水具有氧化作用，但医用双氧水浓度等于或低于 3%。

化学工业上用 H_2O_2 作生产过硼酸钠、过碳酸钠、过氧乙酸等的原料，生产酒石酸、维生素等的氧化剂；医药工业用作杀菌剂、消毒剂；印染工业用作棉织物的漂白剂，还原染料染色后的发色剂；也用于电镀液，可除去无机杂质，提高镀件质量。高浓度的过氧化氢可用作火箭动力燃料。由于过氧化氢应用广泛，并且 H_2O_2 溶液不稳定，会自行分解，所以使用前需要测定它的含量。

H_2O_2 分子中有一个过氧键—O—O—，在酸性溶液中它是一个强氧化剂。但遇更强氧化剂（如 $KMnO_4$）时则表现为还原性，在室温和酸性介质条件下可以被 $KMnO_4$ 定量氧化，其反应式为：

$$5H_2O_2 + 2MnO_4^- + 6H^+ =\!=\!= 2Mn^{2+} + 5O_2\uparrow + 8H_2O$$

室温下，开始时反应速度慢，滴入第一滴溶液不易褪色，待有 Mn^{2+} 生成后，由于 Mn^{2+} 的催化作用，反应速度加快，又由于 H_2O_2 受热易分解，故滴定时通常加入少量的 Mn^{2+} 做催化剂。因为 $KMnO_4$ 溶液本身具有紫红色，极易察觉，故用它作为滴定剂时，不需要另加指示剂，滴定终点时，显示 $KMnO_4$ 本身的紫红色。根据 $KMnO_4$ 溶液的浓度和消耗的体积，即可计算 H_2O_2 的含量。

【仪器及试剂】

试剂：$KMnO_4$ 标准溶液（$0.02mol \cdot L^{-1}$）、H_2SO_4 溶液（$3mol \cdot L^{-1}$）、$MnSO_4$ 溶液（$1mol \cdot L^{-1}$）、$H_2O_2(M_r=34.01)$ 试样（30%左右 H_2O_2 水溶液）。

仪器：吸量管，容量瓶，移液管，锥形瓶，量筒，酸式滴定管等。

【实验内容】

1. H_2O_2 试样的稀释

用吸量管移取 H_2O_2 试样 2.00mL 于容量瓶中，定容摇匀，备用。

2. H_2O_2 溶液的滴定

用吸量管吸取 1.00mL H_2O_2 试样置于 250mL 容量瓶中，加水稀释至刻度，充分摇匀。用移液管移取 25.00mL 该溶液于锥形瓶中，加 30mL 水，5mL H_2SO_4，2~3 滴 $MnSO_4$ 溶液，用 KMnO₄ 滴定至溶液呈微红色且 30s 不褪色即为终点。

平行测定三次。

【注意事项】

1. H_2O_2 易挥发，在实验中的取样、配制后应及时盖好瓶盖。样品测试应先取一个样，滴定完后，再取第二个样。

2. 移取 H_2O_2 时注意不要滴在手上。

3. 如 H_2O_2 试样是工业产品，用上述方法测定误差较大，因产品中常加入少量乙酰苯胺等有机物质做稳定剂，此类有机物也消耗 KMnO₄。此时应采用碘量法或硫酸铈法进行测定。

4. 滴定 H_2O_2 不能加热，因过氧化氢受热易分解。

5. 滴定 H_2O_2 时室温下滴定速度更慢，要严格控制速度。

6. 在冬季做实验时，由于气温低，如果不加催化剂，高锰酸钾溶液加入 1 滴红色就很难褪去，实验几乎做不出来。所以，冬季做此实验时，更需要加入催化剂。

【实验数据记录与处理】

1. 数据记录

表 3-10　实验记录表

项目	1	2	3
移取 H_2O_2 试样的体积/mL			
容量瓶体积/mL			
从容量瓶移取 H_2O_2 的体积/mL			
滴定管初读数/mL			
滴定管终读数/mL			
KMnO₄ 溶液体积/mL			
KMnO₄ 溶液浓度			
H_2O_2 溶液浓度/$(g \cdot L^{-1})$			
H_2O_2 平均浓度/$(g \cdot L^{-1})$			
原 H_2O_2 试样浓度/$(g \cdot L^{-1})$			
相对偏差/%			
相对平均偏差/%			

2. 数据处理

根据 KMnO₄ 溶液的浓度和消耗的体积，计算试样中 H_2O_2 的含量，相对平均偏差应在 0.2% 以内。

$$H_2O_2 \text{ 含量}(g \cdot L^{-1}) = \frac{\frac{5}{2} \times c_{KMnO_4} \times V'_{KMnO_4} \times \frac{250.00 \text{mL}}{1.00 \text{mL}} \times M_{H_2O_2}}{25.00 \text{mL}}$$

式中　c_{KMnO_4}——KMnO₄ 溶液的浓度（$mol \cdot L^{-1}$）；

V'_{KMnO_4}——滴定 H_2O_2 消耗的 KMnO₄ 溶液体积（mL）；

$M_{H_2O_2}$——H_2O_2 的摩尔质量。

【思考题】

1. 还可以用什么方法测定 H_2O_2？
2. H_2O_2 有什么重要性质？使用时应注意些什么？
3. 用 $KMnO_4$ 法测定 H_2O_2 溶液时，能否用 HNO_3、HCl 和 HAc 控制酸度？为什么？

实验 8   碘量法测定维生素 C 的含量

【实验目的】

1. 掌握碘标准溶液的配制与标定方法。
2. 学习测定维生素 C 的原理和方法。
3. 熟悉直接碘量法的基本原理及操作过程。

【实验原理】

维生素 C（Vitamin C），分子式 $C_6H_8O_6$，相对分子质量 176.13，又叫 L-抗坏血酸，是一种水溶性维生素，在体内的活性形式是抗坏血酸；显酸性，具有较强的还原性，加热或在溶液中易氧化分解，在碱性条件下更易被氧化。

维生素 C 是人体重要的维生素之一，它影响胶原蛋白的形成，参与人体多种氧化-还原反应，并且有解毒作用。人体不能自身制造维生素 C，所以必须不断地从食物中摄入维生素 C，通常还需储藏能维持一个月左右的维生素 C。缺乏时会产生坏血病，故又称抗坏血酸。

维生素 C 的主要作用是提高免疫力，预防癌症、心脏病、中风，保护牙齿和牙龈等。另外，坚持按时服用维生素 C 还可以使皮肤黑色素沉着减少，从而减少黑斑和雀斑，使皮肤白皙。富含维生素 C 的食物有花菜、青辣椒、橙子、葡萄汁、西红柿等，可以说，在所有的蔬菜、水果中，维生素 C 含量都不少。

维生素 C 片含量的测定方法很多，各种方法各有其特点，如：（直接/间接）碘量法；2,6-二氯靛酚法；紫外可见分光光度法和高效液相色谱法。《中国药典》（2010 年版）采用碘量法测定含量，此法具有操作简单等优点。

维生素 C 分子中的烯二醇基具有还原性，能被 I_2 定量地氧化成二酮基，所以，可用具有氧化性的 I_2 做标准溶液直接滴定，反应如下：

$$\underset{O\ \ OH\ OH\ H\ \ \ OH}{C-C=C-C-C-CH_2OH} + I_2 = \underset{O\ \ \ O\ \ \ O\ \ H\ \ \ OH}{C-C-C-C-C-CH_2OH} + 2HI$$

简写为： $C_6H_8O_6 + I_2 = C_6H_6O_6 + 2HI$

维生素 C 的还原性很强，在碱性溶液中尤其易被空气氧化，在酸性介质中较为稳定，所以，滴定宜在酸性介质中进行，以减少副反应的发生。考虑到 I^- 在强酸性中也易被氧化，因此，一般在 pH 为 3.0～4.0 的弱酸性（如稀乙酸、稀硫酸或偏磷酸）溶液中进行滴定。并在样品溶于稀酸后，立即用碘标准溶液进行滴定。

使用淀粉作为指示剂，用直接碘量法可测定药片、注射液、饮料、蔬菜、水果等物质中维生素 C 的含量。

由于碘的挥发性和腐蚀性，不宜在分析天平上直接称取，需采用间接配制法；通常用 $Na_2S_2O_3$ 标准溶液对 I_2 溶液进行标定。

【仪器及试剂】

试剂：单质 I_2（$M_r = 253.81$）、$Na_2S_2O_3$ 标准溶液（$0.1mol \cdot L^{-1}$）、HAc（$2mol \cdot L^{-1}$）、淀粉溶液（$5g \cdot L^{-1}$）、维生素 C 片剂、KI（分析纯）、盐酸（分析纯）。

仪器：分析天平，酸式滴定管（棕色），吸量管，量筒，锥形瓶等。

【实验内容】

1. $0.05mol \cdot L^{-1}$ I_2 标准溶液的配制

取 18g KI 于小烧杯中，加水约 20mL，搅拌使其溶解。再取 6.6g I_2 加入上述 KI 溶液中，搅拌至 I_2 完全溶解后，加盐酸 2 滴，转移至棕色瓶中，用蒸馏水稀释至 250mL，摇匀，用玻璃漏斗过滤，贴上标签，放在暗处保存。

2. I_2 标准溶液的标定

用移液管移取 25.00mL $Na_2S_2O_3$ 标准溶液于锥形瓶中，加 40mL 蒸馏水，1.0mL 淀粉溶液，然后用 I_2 标准溶液滴定至溶液呈稳定的蓝色，半分钟内不褪色即为终点。平行标定 3 份，计算 I_2 标准溶液的浓度。

3. 维生素 C 含量的测定

将维生素 C 药片用研钵研成粉末，用递减法准确称取 0.2g 样品 3 份。

将样品放入锥形瓶中，加入新煮沸并冷却的蒸馏水 80mL 溶解，然后再加 $2.0mol \cdot L^{-1}$ 的 HAc 10.0mL，淀粉溶液 1mL。立即用 I_2 标准溶液滴定，滴定至溶液呈稳定的蓝色，半分钟不褪色即为终点。记录消耗 I_2 标准溶液的体积。

【注意事项】

1. 碘在水中溶解度很小（0.035g/100mL 水，25℃），且具有挥发性，故在配制碘标准溶液时常加入大量 KI，使其形成可溶性、不易挥发的 I_3^-。将 I_2 加入浓 KI 溶液后，必须搅拌至 I_2 完全溶解后，才能加水稀释。若过早稀释，碘极难完全溶解。

2. I_2 标准溶液可以用升华法得到符合直接配制标准溶液的纯度，但因其具有挥发性和腐蚀性，不宜用直接称量法配制，所以通常用间接法配制。

3. I_2 标准溶液可用基准物质 As_2O_3 标定，但 As_2O_3 是剧毒试剂，因此选用 $Na_2S_2O_3$ 标准溶液标定，而 $Na_2S_2O_3$ 标准溶液的准确浓度需用 $K_2Cr_2O_7$ 标定。

4. 碘有腐蚀性，应在干净的表面皿上称取。

5. 加入盐酸是为了使 KI 中可能存在的少量 KIO_3 与 KI 作用生成碘，避免 KIO_3 对测定产生影响。

6. 碘易受有机物的影响，不可与软木塞、橡皮塞等接触，应用酸式滴定管进行滴定。

7. 维生素 C 溶解后，易被空气氧化而引入误差。所以，应移取 1 份，滴定 1 份，不要 3 份同时移取。

8. KI-I_2 溶液呈深棕色，在滴定管中较难分辨凹液面，但液面最高点较清楚，所以常读取液面最高点，读时应调节眼睛的位置，使之与液面最高点前后在同一水平位置上。

9. 使用碘量法时，应该用碘量瓶，防止 I_2、$Na_2S_2O_3$、维生素 C 被氧化，影响实验结果的准确性。

10. 由于实验中不能避免地摇动锥形瓶，因此空气中的氧会将维生素 C 氧化，使结果偏低。

【实验数据记录与处理】

1. 数据记录（表 3-11、表 3-12）

表 3-11 I_2 标准溶液的标定

序号	1	2	3
$Na_2S_2O_3$ 溶液的体积/mL			
滴定管初读数/mL			
滴定管终读数/mL			
消耗 I_2 标准溶液体积/mL			
I_2 标准溶液浓度/(mol·L^{-1})			
I_2 标准溶液平均浓度/(mol·L^{-1})			
相对偏差/%			
相对平均偏差/%			

表 3-12   维生素 C 含量的测定

项目	1	2	3
试样的质量/g			
滴定管初读数/mL			
滴定管终读数/mL			
消耗 I_2 标准溶液体积/mL			
I_2 标准溶液浓度/(mol·L^{-1})			
维生素 C 的质量分数/%			
维生素 C 的平均质量分数/%			
相对偏差/%			
相对平均偏差/%			

2. 数据处理

根据所消耗 I_2 标准溶液的体积和浓度，计算出试样中维生素 C 的百分含量。

【思考题】

1. 溶解 I_2 时，加入过量 KI 的作用是什么？

2. 如何配制和保存 I_2 溶液？配制 I_2 溶液时为什么要加入 KI？

3. 维生素 C 固体试样溶解时为何要加入新煮沸并冷却的蒸馏水？

4. 碘量法的误差来源有哪些？应采取哪些措施减少误差？

实验 9   葡萄糖注射液中葡萄糖含量的测定

【实验目的】

1. 学习葡萄糖注射液中葡萄糖含量的测定方法。

2. 掌握间接碘量法的原理及其操作。

【实验原理】

葡萄糖（$C_6H_{12}O_6$，相对分子质量 180.16）又称为玉米葡糖、玉蜀黍糖，甚至简称为葡糖，是自然界分布最广且最为重要的一种单糖，它是一种多羟基醛。纯净的葡萄糖为无色晶体，有甜味但甜味不如蔗糖，易溶于水，微溶于乙醇，不溶于乙醚。水溶液旋光向右，故亦称"右旋糖"。葡萄糖在生物学领域具有重要地位，是活细胞的能量来源和新陈代谢中间产物，即生物的主要供能物质。植物可通过光合作用产生葡萄糖。在糖果制造业和医药领域有着广泛应用。

I_2 与 NaOH 溶液作用生成 NaIO，NaIO 可将葡萄糖定量氧化为葡萄糖酸，在酸性条件下，未与葡萄糖作用的次碘酸钠可转变成单质 I_2 析出，因此只要用硫代硫酸钠标准溶液滴定析出的碘，便可计算出葡萄糖的含量。

$$I_2 + 2NaOH \Longrightarrow NaIO + NaI + H_2O$$

$$C_6H_{12}O_6 + NaIO \Longrightarrow C_6H_{12}O_7 + NaI$$

$$3NaIO(碱性条件) \Longrightarrow NaIO_3 + 2NaI(碱性条件)$$

$$NaIO_3 + 5NaI + 6HCl \Longrightarrow 3I_2 + 6NaCl + 3H_2O(酸性条件)$$

$$I_2 + 2Na_2S_2O_3 \Longrightarrow 2NaI + Na_2S_4O_6$$

1mol 葡萄糖与 1mol NaIO 作用，而 1mol I_2 产生 1mol NaIO，也就是 1mol 葡萄糖与 1mol I_2 相当，故摩尔比为 1∶1。本法可用于葡萄糖注射液中葡萄糖含量的测定。

【仪器及试剂】

试剂：单质 I_2（相对分子质量 253.81）、$Na_2S_2O_3$ 标准溶液（0.1mol·L^{-1}）、$K_2Cr_2O_7$、淀粉溶液（5g·L^{-1}）、葡萄糖注射液（50g·L^{-1}）、KI（分析纯）、盐酸（分析纯）、碳酸钠、HCl（6mol·L^{-1}）、NaOH（1mol·L^{-1}）、H_2SO_4（1mol·L^{-1}）。

仪器：容量瓶，移液管，碱式滴定管，烧杯，量筒，锥形瓶，碘量瓶等。

【实验内容】

1. 0.1mol·L^{-1} $Na_2S_2O_3$ 标准溶液的配制和标定

称取 13g $Na_2S_2O_3 \cdot 5H_2O$，溶于新煮沸并冷却的 500mL 蒸馏水中，加入 0.1g Na_2CO_3，保存于棕色试剂瓶中，一周后标定。

称取 $Na_2S_2O_3 \cdot 5H_2O$ 6.5g，溶于新煮沸并冷却的 250mL 蒸馏水中，加入 0.05~0.1g Na_2CO_3，保存于棕色试剂瓶中，贴上标签，一周后标定。

用递减法精确称取 0.11~0.12g $K_2Cr_2O_7$ 于锥形瓶中，加水约 15mL 溶解，加入 3mol·L^{-1} H_2SO_4 5mL、10mL 10% KI 溶液，摇匀后盖上表面皿，于暗处放置 5min，加蒸馏水 50mL 蒸馏水稀释，立即用待标定的 $Na_2S_2O_3$ 标准溶液滴定，至溶液呈现黄绿色时，加入 2mL 淀粉指示剂，继续滴定至溶液蓝色消失并变为亮绿色，即为滴定终点。平行标定 3 次。

2. 0.05mol·L^{-1} I_2 标准溶液的配制和标定

取 18g KI 于小烧杯中，加水约 20mL，搅拌使其溶解。再取 6.6g I_2 加入上述 KI 溶液中，搅拌至 I_2 完全溶解后，加盐酸 2 滴，转移至棕色瓶中，用蒸馏水稀释至 250mL，摇匀，用玻璃漏斗过滤，贴上标签，放在暗处保存。

用移液管移取 25.00mL $Na_2S_2O_3$ 标准溶液于锥形瓶中，加 40mL 蒸馏水，1mL 淀粉溶液，然后用 I_2 溶液滴定至溶液呈稳定的蓝色，半分钟内不褪色即为终点。平行标定 3 份，计算 I_2 标准溶液的浓度。

3. 葡萄糖注射液中葡萄糖含量的测定

用移液管吸取 2.00mL 5% 葡萄糖注射液于锥形瓶（或碘量瓶）中，再移取 25.00mL I_2 标准溶液于锥形瓶中，摇匀。慢慢加入约 4mL 1mol·L^{-1} NaOH 溶液，边加边摇，直至溶液呈淡黄色。将锥形瓶加塞，摇匀，于暗处放置 10min，再加入 5mL 1mol·L^{-1} H_2SO_4 溶液酸化，立即用 $Na_2S_2O_3$ 标准溶液滴定至浅黄色时，加入 2mL 5g·L^{-1} 淀粉溶液，继续滴定到蓝色消失为止。记录滴定数据，平行滴定 3 次。计算葡萄糖注射液的质量浓度。

【注意事项】

1. 要使 I_2 完全溶解后再转移，实验后，剩余的 I_2 溶液应回收。

2. 碘易受有机物的影响，不可使用软木塞、橡皮塞，并应贮存于棕色瓶内避光保存。配制和装液时应戴上手套。I_2 溶液不能装在碱式滴定管中。

【实验数据记录和处理】

表格自拟。

【思考题】

为什么在氧化葡萄糖时滴加 NaOH 的速度要慢，且加完后要放置一段时间？而在酸化后则要立即用 $Na_2S_2O_3$ 标准溶液滴定？

实验 10　生理盐水中氯离子含量的测定（莫尔法）

【实验目的】

1. 学习配制和标定 $AgNO_3$ 标准溶液。

2. 掌握莫尔法测定氯离子的原理和操作要点。

3. 掌握铬酸钾指示剂的使用。

【实验原理】

沉淀滴定法是以沉淀反应为基础的一种滴定分析方法。沉淀滴定法必须满足的条件：①沉淀物要有足够小的溶解度，且能定量完成；②反应速度大，反应完全，并且有精确的定量关系；③有适当指示剂指示终点；④吸附现象不影响终点观察。

虽然可定量进行的沉淀反应很多，但由于缺乏合适的指示剂，能用于沉淀滴定分析的却不多，目前应用最广且有实际意义的是生成难溶性银盐的沉淀反应，这类沉淀滴定法称为银量法。即利用 Ag^+ 与卤素离子的反应来测定 Cl^-、Br^-、I^-、SCN^- 和 Ag^+。银量法共分三种，分别以创立者的姓名来命名。此处仅介绍莫尔法。

1902 年莫尔·克努森(Mohr Knudsen) 在前人的基础上做了改进而提出此法，故得名。莫尔法是以铬酸钾为指示剂，在中性或弱碱性的试液中，用硝酸银标准液滴定含有 Cl^-（或 Br^-、I^-）的试液，由于 AgCl（或 AgBr、AgI）的溶解度比 Ag_2CrO_4 小，溶液中首先析出 AgCl（或 AgBr、AgI）沉淀，试液中 Cl^-（或 Br^-、I^-）被定量沉淀后，过量一滴硝酸银溶液，即与 CrO_4^{2-} 指示剂反应生成砖红色沉淀，指示滴定终点到达。此法方便、准确，应用很广。

可溶性氯化物中氯含量的测定常采用莫尔法。此法是在中性或弱碱性溶液中，以 K_2CrO_4 为指示剂，用 $AgNO_3$ 标准溶液进行滴定。由于 AgCl 的溶解度比 Ag_2CrO_4 的小，因此溶液中首先析出 AgCl 沉淀，当 AgCl 定量析出后，过量一滴 $AgNO_3$ 溶液即与 CrO_4^{2-} 生成砖红色 Ag_2CrO_4 沉淀，表示达到终点。主要反应式如下：

$$Ag^+ + Cl^- \longrightarrow AgCl \downarrow \text{（白色）} \qquad K_{sp} = 1.8 \times 10^{-10}$$
$$Ag^+ + CrO_4^{2-} \longrightarrow Ag_2CrO_4 \downarrow \text{（砖红色）} \quad K_{sp} = 2.0 \times 10^{-12}$$

滴定必须在中性或弱碱性溶液中进行，最适宜 pH 范围为 $6.5 \sim 10.5$，如有铵盐存在，溶液的 pH 值范围最好控制在 $6.5 \sim 7.2$ 之间，在这个酸度下，铵盐均以 NH_4^+ 形式存在，不干扰滴定。

计量点附近终点出现的早晚与溶液中 $[CrO_4^{2-}]$ 有关，$[CrO_4^{2-}]$ 过大，则终点提前，使测定结果偏低；$[CrO_4^{2-}]$ 过小，则终点推迟，使测定结果偏高。因此为了获得较理想的准确度，必须控制指示剂 CrO_4^{2-} 的浓度，一般以 5.0×10^{-3} mol·L^{-1} 为宜。

生理盐水，是指生理学实验或临床上常用的渗透压与动物或人体血浆的渗透压相等的氯化钠溶液。浓度：用于两栖类动物时是 0.67%～0.70%，用于哺乳类动物和人体时是 0.85%～0.9%。人们平常点滴用的氯化钠注射液浓度是 0.9%，可以当成生理盐水来使用。

【仪器及试剂】

试剂：

NaCl 标准溶液（0.05mol·L^{-1}）：准确称取 0.6g 优级纯 NaCl 置于小烧杯中，用蒸馏水溶解后，转入 200mL 容量瓶中，加水稀释至刻度，摇匀。使用前将 NaCl 放在马弗炉中于 500～600℃下干燥 2～3h，贮于干燥器内备用。

AgNO$_3$ 溶液（0.05mol·L^{-1}）：溶解 4.25g AgNO$_3$ 于 500mL 蒸馏水中，将溶液转入棕色试剂瓶中，置暗处保存，以防止见光分解。

K$_2$CrO$_4$ 溶液：50g·L^{-1}（约 0.257mol·L^{-1}）。

仪器：分析天平，称量瓶，烧杯，容量瓶，移液管，锥形瓶，酸式棕色滴定管，量筒等常规玻璃仪器。

【实验内容】

1. 0.1mol·L AgNO$_3$ 溶液的标定

准确移取 25.00mL NaCl 标准溶液注入锥形瓶中，加入 1mL 50g·L^{-1} 的 K$_2$CrO$_4$ 指示剂，不断摇动，用 AgNO$_3$ 溶液滴定至呈现砖红色沉淀即为终点。

平行测定三次，计算 AgNO$_3$ 溶液的准确浓度。

2. 试样分析：测定生理盐水中氯的含量

准确量取 10.00mL 生理盐水于锥形瓶中，加入 1mL 50g·L^{-1} 的 K$_2$CrO$_4$ 指示剂，不断摇动，用 AgNO$_3$ 标准溶液滴定至呈现砖红色即为终点，至少平行测定 3 份。

根据生理盐水的量和滴定中消耗 AgNO$_3$ 标准溶液的体积计算生理盐水中 Cl$^-$ 的含量，并计算 3 次测量值的相对偏差和相对平均偏差。

3. 空白试验

取 1mL 50g·L^{-1} 的 K$_2$CrO$_4$ 指示剂，加入 20mL 蒸馏水，用 AgNO$_3$ 标准溶液滴定至呈现砖红色，记录消耗的体积，平行测定 3 份。

【注意事项】

1. 滴定时，最适宜的 pH 范围是 6.5～10.5，若有铵盐存在，为避免生成 Ag(NH$_3$)$_2^+$，溶液的 pH 范围应控制在 6.5～7.2 为宜。

2. AgNO$_3$ 见光易分解，故需保存在棕色瓶中，并且选用棕色酸式滴定管。

3. 实验结束后，盛装 AgNO$_3$ 溶液的滴定管应先用蒸馏水冲洗 2～3 次，再用自来水冲洗，以免产生氯化银沉淀，难以洗净。

4. 含银废液应予以回收，且不能随意倒入水槽。

【实验数据记录和处理】

表 3-13　硝酸银溶液的标定

项目	1	2	3
NaCl 质量/g			
容量瓶容积/mL			

续表

项目	1	2	3
NaCl 浓度/(mol·L^{-1})			
移取 NaCl 体积/mL			
滴定管终读数/mL			
滴定管初读数/mL			
消耗 NaCl 溶液体积/mL			
AgNO$_3$ 溶液浓度/(mol·L^{-1})			
AgNO$_3$ 溶液平均浓度/(mol·L^{-1})			
平均偏差/%			
相对平均偏差/%			

表 3-14　生理盐水中氯的测定

项目	1	2	3
生理盐水体积/mL			
滴定管终读数/mL			
滴定管初读数/mL			
消耗 AgNO$_3$ 溶液体积/mL			
生理盐水中 Cl$^-$ 的含量/(g·L^{-1})			
生理盐水中 Cl$^-$ 的平均含量/(g·L^{-1})			
平均偏差/%			
相对平均偏差/%			

【思考题】

1. 莫尔法测氯时，为什么溶液的 pH 值需控制在 6.5～10.5？

2. 以 K$_2$CrO$_4$ 作指示剂时，指示剂浓度过大或过小对测定有何影响？

3. 能否用莫尔法以 NaCl 标准溶液直接滴定 Ag$^+$？为什么？

实验 11　分光光度法测定微量铁

【实验目的】

1. 掌握邻二氮菲分光光度法测定微量铁的原理和方法。

2. 掌握物质显色反应的原理。

3. 学会绘制吸收曲线，能正确选择测定波长。

4. 会用计算机软件做标准曲线。

5. 熟悉分光光度计的使用方法和操作步骤。

【实验原理】

　　分光光度法主要用于微量成分的定量分析，它在工业生产和科学研究中都占有十分重要的地位。该方法是利用测量有色物质对某一单色光（可见光范围）的吸收程度来进行测定的定性定量分析方法。而许多物质本身无色或色很浅，也就是说它们对可见光不产生吸收或吸收不大，这就必须事先通过适当的化学处理，使该物质转变为能对可见光产生较强吸收的有色化合物，然后再进行光度分析。

可见分光光度法测定无机离子，通常要经过两个过程，一是显色过程，二是测量过程。为了使测定结果有较高的灵敏度和准确度，必须选择合适的显色条件和测量条件。这些条件包括入射波长，显色剂种类和用量，有色溶液稳定时间，溶液的酸碱度，其他离子干扰的排除等。

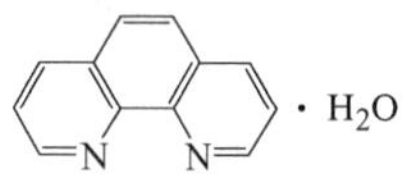

图 3-7 邻二氮菲 结构示意图

与待测组分形成有色化合物的试剂称为显色剂。常用的显色剂可分为无机显色剂和有机显色剂两大类。

邻二氮菲（图 3-7），即"1,10-邻二氮杂菲"，也称邻菲罗啉、邻菲啰啉、邻菲咯啉，分子式 $C_{12}H_8N_2 \cdot H_2O$，相对分子质量 198.22，是一种常用的氧化还原指示剂。固体呈浅黄色粉末状，吸收水形成结晶水后颜色略有加深，溶于水形成浅黄至黄色溶液。

在 pH 为 2.0～9.0 时，会与 Fe^{2+} 形成稳定的橙红色邻二氮菲亚铁离子（$[Fe(phen)_3]^{2+}$），利用此显色反应，可以用可见光分光光度法测定微量铁。$\lg K_稳 = 21.3(20℃)$，摩尔吸收系数为 1.4×10^4，最大吸收峰在 505～515nm 范围内，该法选择性高。反应方程式如下：

$$Fe^{2+} + 3C_{12}H_8N_2 \Longrightarrow [Fe(C_{12}H_8N_2)_3]^{2+}（橙红色）$$

氧化型 $[Fe(phen)_3]^{3+}$ 显浅蓝色，半反应为：

$$[Fe(C_{12}H_8N_2)_3]^{3+}（浅蓝色） + e^- \Longrightarrow [Fe(C_{12}H_8N_2)_3]^{2+}（橙红色）$$

因此，在显色前，首先需要用盐酸羟胺把 Fe^{2+} 还原成 Fe^{3+}。其反应式如下：

$$2Fe^{3+} + 2NH_2OH \cdot HCl \Longrightarrow 2Fe^{2+} + N_2 \uparrow + 2H_2O + 4H^+ + 2Cl^-$$

虽然显色反应的适宜 pH 值范围很宽（pH=2.0～9.0），但通常用 HAc-NaAc 缓冲溶液来控制溶液酸度在 pH=5.0 左右。酸度过高时，反应进行较慢；酸度太低，则 Fe^{2+} 水解，影响显色反应。

如果样品是单组分的，并且遵守朗伯-比尔定律，这时只要测出被测吸光物质的最大吸收波长（A_{max}），就可在此波长下，选用适当的参比溶液测量试液的吸光度，然后再用工作曲线法求出结果。

采用工作曲线法测定样品时，应按相同方法制备待测试液（为了保证显色条件一致，操作时一般是试样与标样同时显色），在相同测量条件下测量试液的吸光度，然后在工作曲线上查出待测试液的浓度。为了保证测定准确度，要求标样与试样溶液的组成保持一致，待测试液的浓度应在工作曲线线性范围内，最好在工作曲线中部。

由于受到各种因素的影响，实验测出的各点可能不完全在一条直线上，这时就造成工作曲线的误差较大，这时可改用最小二乘法求出线性回归方程，再根据线性方程计算出待测试液的浓度，这样可以有效提高准确性。工作曲线一般用一元线性方程表示，线性的好坏可以用相关系数来表示，一般要求相关系数要大于 0.999。

【仪器及试剂】

试剂：硫酸铁铵 $[NH_4Fe(SO_4)_2 \cdot 12H_2O$，相对分子质量 482.18，分析纯]；0.15% 邻二氮菲（10^{-3} mol·L^{-1}）新配制的水溶液；10% 盐酸羟胺水溶液（临用时配制）；1mol·L^{-1} 醋酸钠溶液、1mol·L^{-1} NaOH；6mol·L^{-1} HCl、试样（如工业盐酸）。

仪器：分光光度计，10mL 吸量管，50mL 比色管 8 支，1cm 比色皿，瓷坩埚，电炉，马弗炉。

【实验内容】

1. 100mg·L^{-1}铁标准溶液的配制

准确称取 0.8634g 的 $NH_4Fe(SO_4)_2·12H_2O$，置于烧杯中，加入 20mL 1∶1 HCl 和 10mL 水，溶解后，定量转移至 1000mL 容量瓶中，以水稀释至刻度，摇匀，贴标签备用。

2. 吸收曲线的制作和测量波长的选择

用吸量管吸取 0.0mL、1.0mL 100mg·L^{-1}铁标准溶液，分别注入两个 50mL 比色管中，各加入 1mL 盐酸羟胺溶液，摇匀，再加入 2mL 邻二氮菲，5mL NaAc，用水稀释至刻度，摇匀。放置 10min 后，用 1cm 比色皿，以试剂空白（即 0.0mL 铁标准溶液）为参比溶液，在 450～550nm 之间，每隔 10nm 测一次吸光度，在最大吸收峰附近，每隔 1nm 测定一次吸光度。记下波长对应的吸光值，数据记录格式参考表 3-15，并绘制吸收曲线。选用最大吸光值时的波长为以后的测定波长。

3. 标准曲线的制作

用移液管吸取 100mg·L^{-1}铁标准溶液 10mL 于 100mL 容量瓶中，加入 2mL 2.0mol·L^{-1}的 HCl，用水稀释至刻度，摇匀，贴标签备用，此溶液浓度为 10mg·L^{-1}。

在 6 支 50mL 比色管中，用吸量管分别加入 0.0mL，2.0mL，4.0mL，6.0mL，8.0mL，10.0mL 10mg·L^{-1}铁标准溶液，然后依次加入 1mL 盐酸羟胺，2mL 邻二氮菲，5mL NaAc 溶液，每次均摇匀后再加另一种试剂。最后，用水稀释至刻度，摇匀，写上标号。放置 10min 后，用 1cm 比色皿，以试剂空白（即 0.0mL 铁标准溶液）为参比溶液，在所选择的波长下条件下，测定各溶液的吸光度。记录各溶液吸光度，数据记录参考表 3-16。以含铁量为横坐标，吸光度 A 为纵坐标，绘制标准曲线。

4. 试样中铁的测定

移取试样溶液 1.00mL，按上述操作条件和步骤，测定其吸光度（如果吸光度超出标准曲线的测量范围，需对实验进行稀释），记录各试样稀释后溶液吸光度，数据记录参考表 3-17。

【实验数据记录与处理】

1. 实验数据记录表

表 3-15　吸收曲线数据记录表

波长/nm	450	460	470	480	490	500	505	506	507	508	509
吸光度											

波长/nm	510	511	512	515	520	530	540	550
吸光度								

表 3-16　标准曲线数据记录表

序号	1	2	3	4	5	6
铁标液体积/mL	0.00	2.0	4.0	6.0	8.0	10.0
铁浓度/(mg·L^{-1})	0.00	0.40	0.80	1.20	1.60	2.00
吸光度						

表 3-17　试样溶液测定数据记录表

序号	1	2	3	4	5	6
未知样/mL	1.00	1.00	1.00			
吸光度						
稀释后试样溶液铁含量/(mg·L^{-1})						

2. 数据处理

① 在计算机上，用 Excel 或 Origin 等软件，以波长 λ 为横坐标，吸光度 A 为纵坐标，绘制 A 和 λ 关系的吸收曲线。找出最大吸光值时的波长。

② 以含铁量为横坐标，吸光度 A 为纵坐标，用 Excel 或 Origin 等软件，绘制标准曲线，并求出标准曲线对应的线性方程，求出摩尔吸光系数并与文献中的数值进行比较。

③ 把测定的吸光度代入线性方程，计算测定稀释后溶液中铁的含量，然后根据稀释倍数，计算原试样中铁的含量（mg·L^{-1}）。

【注意事项】

1. 在吸收曲线的制作实验中，最后得出的 λ_{max} 可能在 508～510nm 之间，理论值是 508nm，可能原因是缩减了一点进程，溶液没有充分摇匀，静置显色时间短。

2. 选择好测定波长后，不要再随意改变仪器的其他参数。

3. 标准曲线绘制时，求出的线性方程的相关系数低，最主要的原因是用吸量管移取溶液时的操作不规范引起的误差，因此，要多次、反复练习，达到熟练使用吸量管的程度，才能有效减少误差。

4. 标准曲线绘制时，注意溶液的序号不要颠倒。

5. 比色皿在换装不同浓度的溶液时，必须用待测的溶液至少润洗三次。

6. 注意分光光度计的正确操作。

7. pH 值影响配位物的解离程度，故缓冲液要适量。

8. 比色皿放入样品室时，必须用吸水纸将比色皿表面擦拭干净，以免影响光的吸收。

【思考题】

1. 吸收曲线与标准曲线有何区别？在实际应用中有何意义？

2. 参比溶液的作用是什么？在本实验中可否用蒸馏水做参比？

3. 加各种试剂的顺序能否颠倒？

第4部分 有机化学实验

实验1 熔点的测定

【实验目的】

1. 了解熔点测定的意义；
2. 掌握熔点测定的操作方法。

【实验原理】

晶体化合物的固液两态在大气压力下成平衡时的温度称为该化合物的熔点。纯粹的固体有机化合物一般都有固定的熔点，即在一定的压力下，固液两态之间的变化是非常敏锐的，自初熔至全熔（熔点范围称为熔程），温度不超过 $0.5 \sim 1 \, ^\circ\!C$。如果该物质含有杂质，则其熔点往往较纯粹者为低，且熔程较长。故测定熔点对于鉴定纯粹有机物和定性判断固体化合物的纯度具有很大的价值。

如果在一定的温度和压力下，将某物质的固液两相置于同一容器中，将可能发生三种情况：固相迅速转化为液相；液相迅速转化为固相；固相液相同时并存。

图 4-1 表示该物质固体的蒸气压随温度升高而增大的曲线；

图 4-2 表示该物质液体的蒸气压随温度升高而增大的曲线；

图 4-3 表示图 4-1 与图 4-2 的加合，由于固相的蒸气压随温度变化的速率较相应的液相大，最后两曲线相交于 M 处（只能在此温度时），此时固液两相同时并存，它所对应的温度

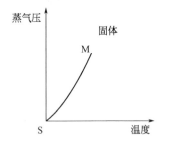

图 4-1 固体蒸气压随温度变化曲线

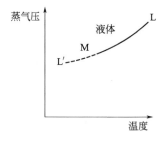

图 4-2 液体蒸气压随温度变化曲线

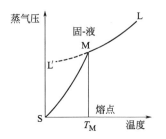

图 4-3 图 4-1 与图 4-2 的加合

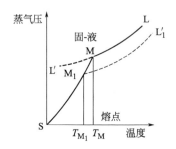

图 4-4 杂质的影响

T_M 即为该物质的熔点。

图 4-4 为当含杂质时（假定两者不形成固溶体）的变化曲线，根据拉乌尔（Raoult）定律可知，在一定的压力和温度条件下，在溶剂中增加溶质，导致溶剂蒸气分压降低（图中 M_1L_1'），固液两相交点 M_1 即代表含有杂质化合物达到熔点时的固液相平衡共存点，T_{M_1} 为含杂质时的熔点，显然，此时的熔点较纯粹者低。

【仪器及试剂】

仪器：提勒管（Thiele tube），温度计，软木塞，样品管。

试剂：液体石蜡，苯甲酸、乙酰苯胺及其两者混合物（1∶1）。

【实验装置图】

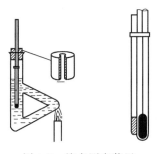
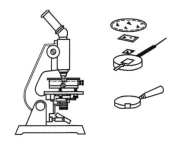

图 4-5　熔点测定装置　　　　　　　图 4-6　显微熔点仪

【实验内容】

1. 样品装入

取少量（约 0.1g）待测熔点的干燥样品（苯甲酸）于干净干燥的表面皿上，用玻棒研成很细的粉末，堆积在一起。将毛细管开口一端向下插入粉末中，然后将毛细管开口一端向上轻轻在桌上敲击，再使它从垂直于表面皿上的长 30～40cm 的玻璃管上口中自由落下，以使样品紧密装填于毛细管封闭的底部。重复上述操作数次，直至管中均匀且没有空隙地装填 2～3mm 高的样品即可。沾附于毛细管外壁的粉末必须拭去，以免污染提勒管中的热浴液。

2. 仪器安装

提勒管（又叫 b 形管）盛液体石蜡（当待测物熔点较高时用浓硫酸）作为热浴液（表 4-1）。液体石蜡装到与侧管口相平或略高于侧管。将提勒管用铁夹固定在铁架台上，塞上带有三角缺口的软木塞，将温度计插入软木塞中央孔中其刻度对着软木塞缺口，以便观察温度。使温度计水银球部恰好处于提勒管上下两个叉管口中部。调整好上述装置后将温度计连同软木塞一同取下，借助温度计上蘸有的液体石蜡，小心将装好样品的毛细管粘在温度计上，并用橡皮圈固定，注意使样品部分正贴着水银球中部，然后轻轻将附有毛细管的温度计及软木塞按原位置插入提勒管中（装置见图 4-5）。

3. 熔点测定

用小火在提勒管的弯曲管部位（如图 4-5 所示）缓缓加热。开始时升温速度可以快些，每分钟升温 5～6℃；当距离待测物熔点约 10～15℃时控制火焰使每分钟上升约 1℃。越接近熔点升温速度应越缓慢。升温速度是准确测定熔点的关键，因为缓慢加热才有充分的时间使热量由加热液传到毛细管内，使温度计温度和毛细管内温度完全一致。另外也便于观察熔解过程。当毛细管中的样品开始变湿润并塌落时即为初熔，固体完全消失即为全熔。记下初熔到全熔时的温度，这就是该化合物的熔点。至少重复测两次，求平均值。

表 4-1 熔点浴的设计及装置

加热方法	适用温度范围	优缺点
空气浴	高于 80℃	受热不均匀
水浴	低于 100℃	受热均匀
油浴	100～250℃	受热均匀
沙浴	80℃ 以上	受热均匀；传热慢、不易控制
电热套	一般情况均可	安全、热效高

在测定未知物时可先粗测一次，掌握样品熔点的大致范围（表 4-2），然后再仔细地精测两次。第二次测定时要待热浴的温度下降30℃再开始。熔点测定至少要有两次重复数据。每次测定必须用新的毛细管另装样品，不得将已测过熔点的毛细管冷却使样品固化后第二次测定。

测定完毕必须等液体石蜡或硫酸冷却后才可拆下装置将它们倒回瓶中。温度计冷却后用纸擦去液体石蜡或硫酸方可用水冲洗，以免发热使水银球破裂。

表 4-2 几种样品的熔点

样品名称	标准熔点/℃
乙酰苯胺	114.3
苯甲酸	122.4
尿素	135

4. 掌握用熔点测定仪测定熔点

【注意事项】

1. 选用切口塞，与大气相通，防止爆炸。
2. 温度计水银球位置应处在两侧管中间，真实反映液体温度。
3. 热载体液体石蜡的高度以液面刚没过侧管顶部即可，因为加热后液体体积会膨胀，不可装太满。
4. 加热位置：酒精灯放在侧管处。（由于提勒管本身特点，液体易形成对流，省去人工搅拌）
5. 毛细管上端应高出浓硫酸液面。
6. 装样时要迅速，以防止吸潮。
7. 样品要结实均匀。
8. 高度为 2～3mm 即可。

【思考题】

测定熔点时，若遇下列情况，将产生什么结果？
1. 熔点管壁太厚。
2. 熔点管底部未完全封闭，尚有一针孔。
3. 熔点管不洁净。
4. 样品未完全干燥或含有杂质。

5. 样品研得不细或装得不紧密。

6. 加热太快。

实验 2　蒸馏和沸点的测定

【实验目的】

1. 了解蒸馏和测定沸点的意义；

2. 掌握圆底烧瓶、直形冷凝管、蒸馏头、真空接受器、锥形瓶等的正确使用方法，初步掌握蒸馏装置的装配和拆卸技能；

3. 掌握正确进行蒸馏操作的要领和方法。

【实验原理】

液体的分子由于分子运动有从表面逸出的倾向，这种倾向随着温度的升高而增大。如果把液体置于密闭的真空体系中，液体分子继续不断地逸出而在液面上部形成蒸气，最后使得分子由液体逸出的速度与分子由蒸气中回到液体中的速度相等，亦即使其蒸气保持一定的压力。此时液面上的蒸气达到饱和，称为饱和蒸气。它对液面所施加的压力称为饱和蒸气压。

实验证明，液体的蒸气压只与温度有关，即液体在一定温度下具有一定的蒸气压。这是指液体与它的蒸气平衡时的压力，与体系中存在的液体和蒸气的绝对量无关（图 4-7）。

当液体的蒸气压增大到与外界施于液面的总压力（通常是大气压力）相等时，就有大量气泡从液体内部逸出，即液体沸腾。这时的温度称为液体的沸点。

通常所说的沸点是在 100kPa（即 760mmHg）压力下液体的沸腾温度。例如水的沸点为 100℃，即指大气压 760mmHg 时，水在 100℃时沸腾。在其他压力下的沸点应注明，如水的沸点可表示为 95℃/85.3kPa。

在常压下蒸馏时，由于大气压往往不是恰好为 100kPa，但由于偏差一般都很小，因此可以忽略不计。

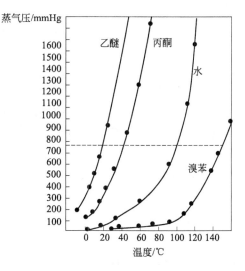

图 4-7　温度与蒸气压关系图
注：1mmHg＝133Pa。

纯粹的液体有机化合物在一定的压力下具有一定的沸点，但是具有固定沸点的液体不一定都是纯粹的化合物，因为某些有机化合物常和其他组分形成二元或三元共沸混合物，它们也有一定的沸点。

【仪器与试剂】

仪器：圆底烧瓶、蒸馏头、直形冷凝管、真空接受管（真空尾接管）、锥形瓶、温度套管、温度计（100℃）、橡皮管等。

试剂：无水乙醇。

【实验装置图】

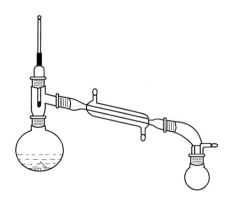

图 4-8 普通蒸馏装置图

【实验内容】

1. 蒸馏装置安装

根据蒸馏物的量，选择大小合适的蒸馏瓶（蒸馏物液体的体积，一般不要超过蒸馏瓶容积的 2/3，也不要少于 1/3）。

仪器安装顺序一般为：热源（电炉、水浴、油浴或其他热源）→蒸馏瓶（注意固定方法、离热源的距离，其轴心保持垂直）→蒸馏头（其对称面与铁架平行）→冷凝管（若为直形冷凝管则应保证上端出水口向上，与橡皮管相连至水池；下端进水口向下，通过橡皮管与水龙头相连。这样才能保证套管内充满水）→接液管或称尾接管（根据需要安装不同用途的尾接管，例如，减压蒸馏需安装真空尾接管）→接受瓶（一般不用烧杯做接受器，常压蒸馏用锥形瓶，减压蒸馏用圆底烧瓶；正式接受馏液的接受瓶应事先称重并做记录）→借助温度计导管将温度计固定在蒸馏头的上口处（使温度计水银球的上限与蒸馏头侧管的下限同处一水平线上）。安装仪器顺序一般都是自下而上，从左到右。拆卸仪器与安装顺序相反。

2. 加料

将待蒸馏液通过玻璃漏斗小心倒入蒸馏瓶中，不要使液体从支管流出。加入几粒沸石，安装好带温度计的套管。

3. 加热

用水冷凝管时，先打开冷凝水龙头缓缓通入冷水，然后开始加热。加热时可见蒸馏瓶中液体逐渐沸腾，蒸气逐渐上升，温度计读数也略有上升。当蒸气的顶端达到水银球部位时，温度计读数急剧上升。这时应适当调整热源温度，使升温速度略为减慢，蒸气顶端停留在原处，使瓶颈上部和温度计受热，让水银球上液滴和蒸气温度达到平衡。然后再稍稍提高热源温度，进行蒸馏（控制加热温度以调整蒸馏速度，通常以每秒 1～2 滴为宜）。在整个蒸馏过程中，应使温度计水银球上常有被冷凝的液滴。此时的温度即为液体与蒸气平衡时的温度。温度计的读数就是液体（馏出液）的沸点。热源温度太高，使蒸气成为过热蒸气，造成温度计所显示的沸点偏高；若热源温度太低，馏出物蒸气不能充分浸润温度计水银球，造成温度计读得的沸点偏低或不规则。

4. 观察沸点及收集馏液

进行蒸馏前，至少要准备两个接受瓶，其中一个接受前馏分（或称馏头），另一个（需称重）用于接受预期所需馏分（并记下该馏分的沸程：即该馏分的第一滴和最后一滴时温度计的读数）。

一般液体中或多或少含有高沸点杂质，在所需馏分蒸出后，若继续升温，温度计读数会显著升高，若维持原来的温度，就不会再有馏液蒸出，温度计读数会突然下降。此时应停止蒸馏。即使杂质很少，也不要蒸干，以免蒸馏瓶破裂及发生其他意外事故。

5. 拆除蒸馏装置

蒸馏完毕，先应撤出热源（拔下电源插头，再移走热源），然后停止通水，最后拆除蒸馏装置（与安装顺序相反）。

【注意事项】

1. 仪器装配符合规范，温度计位置要正确；

2. 热源温控适时调整得当；

3. 馏分收集范围严格无误。

【思考题】

1. 温度计应安装在什么位置？

2. 温度计的位置偏高或偏低会对数据造成什么影响？

实验 3　分　　　馏

【实验目的】

1. 学习分馏的原理及其应用；

2. 掌握实验室常用的分馏操作。

【实验原理】

分馏也是分离提纯液体有机物的一种方法。分馏主要适用于沸点相差不太大的液体有机物的分离提纯，其分离效果比蒸馏好。

分馏通常是在蒸馏的基础上用分馏柱来进行的。利用分馏柱进行分馏，实际上就是让在分馏柱内的混合物进行多次汽化和冷凝。当上升的蒸气与下降的冷凝液互相接触时，上升的蒸气部分冷凝放出热量使下降的冷凝液部分汽化，两者之间发生了热量交换。其结果是上升蒸气中易挥发组分增加，而下降的冷凝液中高沸点组分增加。如果继续多次，就等于进行了多次的气液平衡，即达到了多次蒸馏的效果。这样靠近分馏柱顶部易挥发物质的组分比率高，而烧瓶里高沸点组分的比率高。当分馏柱的效率足够高时，在分馏柱顶部出来的蒸气就接近于纯低沸点的组分，高沸点组分则留在烧瓶里，最终便可将沸点不同的物质分离出来。

影响分馏效率的因素如下。

① 理论塔板　分馏柱效率可用理论塔板来衡量。分馏柱中的混合物，经过一次汽化和冷凝的热力学平衡过程，相当于一次普通蒸馏所达到的理论浓缩效率，当分馏柱达到这一浓缩效率时，那么分馏柱就具有一块理论塔板。柱的理论塔板数越多，分离效果越好。

② 回流比　在单位时间内，由柱顶冷凝返回柱中液体的数量与蒸出物量之比称为回流比，若全回流中每 10 滴收集 1 滴馏出液，则回流比为 9 : 1。对于非常精密的分馏，使用高效率的分馏柱，回流比可达 100 : 1。

③ 柱的保温　许多分馏柱必须进行适当的保温，以便能始终维持温度平衡。不过分馏柱散热量越大，被分离出的物质越纯。

【仪器与试剂】

仪器：电热套，分馏柱，冷凝管，接液管，圆底烧瓶，温度计，三角烧瓶。

试剂：丙酮，水。

【实验装置】

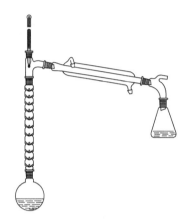

图 4-9　分馏装置图

【实验内容】

1. 安装仪器。

2. 准备三个 50mL 的三角烧瓶，分别注明 A、B、C。

3. 在 50mL 圆底烧瓶内放置 15mL 丙酮，15mL 水及 1～2 粒沸石，开始缓缓加热，并控制加热速度，使馏出液以每秒 1～2 滴的速度馏出。

将初馏出液收集于试管 A，注意并记录柱顶温度及接受器 A 的馏出液总体积。继续蒸馏，记录每增加 1mL 馏出液时的温度及总体积。

温度达 62℃换 B 瓶接受，98℃用 C 瓶接受，直至蒸馏烧瓶中残液为 1～2mL，停止加热。

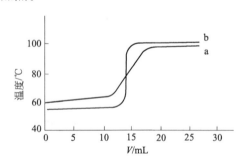

图 4-10　蒸馏与分馏的温度-体积曲线
a—蒸馏曲线；b—分馏曲线

记录三个馏分（A 56～62℃，B 62～98℃，C 98～100℃）的体积，待分馏柱内液体流到烧瓶时测量并记录残留液体积，以柱顶温度为纵坐标，馏出液体积为横坐标，将实验结果绘成温度-体积曲线，讨论分馏效率。

4. 为了比较蒸馏和分馏的分离效果，可将丙酮和水各 15mL 的混合液放置于 60mL 蒸馏烧瓶中，重复步骤 3 的操作，按 3 中规定的温度范围收集 A、B、C 各馏分。在 3 所用的同一张纸上作温度-体积曲线（如图 4-10）。这样蒸馏和分馏所得到的曲线显示在同一图表上，便于对它们所得的结果进行比较。a 为普通蒸馏曲线，可看出无论是丙酮还是水，都不能以纯净状态分离。从曲线 b 可以看出分馏柱的作用，曲线转折点为丙酮和水的分离点，基本可将丙酮分离出。

【注意事项】

1. 馏出速度太快，产物纯度下降；馏出速度太慢，馏出温度易上下波动。为减少柱内热量散失，可用石棉绳将其包起来。

2. 要使有相当量的液体自柱流回烧瓶中，即要选择合适的回流比。

3. 使蒸气慢慢上升到柱顶。

4. 由于温度计误差，实际温度可能略有差异。

5. 分馏要结束时，由于水蒸气不足，温度计水银球不能被水蒸气包围，因此温度出现下降。

6. 注意切不可蒸干。

【思考题】

1. 分馏和蒸馏在原理及装置上有哪些异同？如果是两种沸点很接近的液体组成的混合物能否用分馏来提纯呢？

2. 如果把分馏柱顶上温度计的水银球的位置下移一些，行吗？为什么？

实验 4　水蒸气蒸馏

【实验目的】

1. 学习水蒸气蒸馏的原理及其应用。

2. 掌握水蒸气蒸馏的装置及其操作方法。

【实验原理】

水蒸气蒸馏是纯化分离有机化合物的重要方法之一。当水和不（或难）溶于水的化合物一起存在时，整个体系的蒸气压力根据道尔顿分压定律，应为各组分蒸气压力之和。即：$p = p_水 + p_A$（p_A 为不溶或难溶化合物的蒸气压）。当 p 与外界大气压相等时，混合物就沸腾。这时的温度即为它们的沸点，所以混合物的沸点将比任何一组分的沸点都要低一些。而且在低于 100℃ 的温度下随水蒸气一起蒸馏出来。这样的操作叫水蒸气蒸馏。

因此，常压下应用水蒸气蒸馏，能在低于 100℃ 的情况下将高沸点组分与水一起蒸出来，蒸馏时混合物的沸点保持不变。在水蒸气蒸馏的蒸出液中，水与有机化合物的质量比等于在蒸馏温度时两者的蒸气压与其摩尔质量的乘积之比，与水和有机化合物的相对含量无关。

$$\frac{m_A}{m_B} = \frac{M_A p_A}{M_B p_B} = \frac{M_A p_A}{18 \text{g·mol}^{-1} \cdot p_B}$$

水蒸气蒸馏的应用范围及使用条件如下。

（1）应用范围

① 某些沸点高的有机物，在常压蒸馏虽可与副产品分离，但易将其破坏；

② 混合物中含有大量树脂状杂质或不挥发杂质，采用蒸馏、萃取等方法都难于分离；

③ 从较多固体反应物中分离出被吸附的液体。

（2）具备的条件（被提纯的物质）

① 不溶或难溶于水；

② 共沸腾下与水不发生化学反应；

③ 在 100℃ 左右时，必须具有一定的蒸气压。

【仪器与试剂】

仪器：三颈烧瓶，玻璃管（50cm），搅拌器套管，T 形管，圆底烧瓶，蒸馏头，空心玻璃塞，冷凝管，接受器，电热套。

试剂：部分被氧化的苯胺。

【实验装置图】

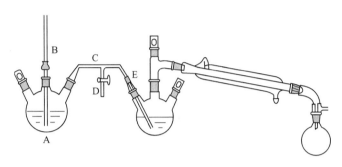

图 4-11　水蒸气整流装置

A—水蒸气发生器；B—安全管；C—T 形管；D—止水夹；E—水蒸气导入管

实验室常用水蒸气蒸馏装置，包括水蒸气发生器、蒸馏部分、冷凝部分和接受部分。

【实验内容】

1. 蒸馏烧瓶的容量应保证混合物的体积不超过其 1/3，导入蒸汽的玻管下端应伸到接近瓶底。

2. 水蒸气发生器上的安全管（平衡管）不宜太短，其下端应接近器底，盛水量通常为其容量的 1/2，最多不超过 2/3，最好在水蒸气发生器中加进沸石。

3. 应尽量缩短水蒸气发生器与蒸馏烧瓶之间的距离，以减少水汽的冷凝。

4. 开始蒸馏前应把 T 形管上的止水夹打开，当 T 形管的支管有水蒸气冲出时，接通冷凝水，开始通水蒸气，进行蒸馏。

5. 为使水蒸气不致在蒸馏烧瓶中冷凝过多而增加混合物的体积，在通水蒸气时，可在烧瓶下用小火加热。

6. 在蒸馏过程中，要经常检查安全管中的水位是否正常，如发现其突然升高，意味着有堵塞现象，应立即打开 T 形管，移去热源，使水蒸气发生器与大气相通，避免发生事故（如倒吸），待故障排除后再行蒸馏。如发现 T 形管支管处水积聚过多，超过支管部分，也应打开 T 形管，将水放掉，否则将影响水蒸气通过。

7. 当馏出液澄清透明，不含有油珠状的有机物时，即可停止蒸馏，这时也应首先打开止水夹，然后移去热源。

8. 如果随水蒸气挥发馏出的物质熔点较高，在冷凝管中易凝成固体堵塞冷凝管，可考虑改用空气冷凝管。

9. 停止蒸馏（先打开 T 形管，使与大气相通，然后熄火，停冷凝水）。

【注意事项】

1. 注意操作顺序：

① 先加热水蒸气发生器，使其沸腾；

② 沸腾后再对冷凝管通循环水；

③ 当有大量蒸汽从 T 形管开口处不断喷出时，关闭 T 形管；

④ 如果蒸馏烧瓶处有大量水集结时，可以对其进行稍微加热；

⑤ 蒸馏完成或中间出现问题，先打开 T 形管，使其与大气相通，避免倒吸。

2. 终点的判别：没有油状物馏出。

3. 在水蒸气发生器内加入沸石。

【思考题】

1. 进行水蒸气蒸馏时，水蒸气导入管的末端为什么要插入到接近于容器底部？

2. 在水蒸气蒸馏过程中，经常要检查什么事项？若安全管中水位上升很高时，说明什么问题，如何处理才能解决呢？

实验 5　萃取和洗涤

【实验目的】

1. 学习萃取法的基本原理和方法；

2. 学习分液漏斗的使用方法。

【实验原理】

萃取和洗涤是利用物质在不同溶剂中的溶解度不同来进行分离的操作。萃取和洗涤在原理上是一样的，只是目的不同。从混合物中抽取的物质，如果是我们需要的，这种操作叫做萃取或提取；如果是我们不要的，这种操作叫做洗涤。

萃取是利用物质在两种不互溶（或微溶）溶剂中溶解度或分配比的不同来达到分离、提取或纯化目的的一种操作。

将含有机化合物的水溶液用有机溶剂萃取时，有机化合物就在两液相间进行分配。在一定温度下，此有机化合物在有机相中和在水相中的浓度之比为一常数，此即所谓"分配定律"。

假如一物质在两液相 A 和 B 中的浓度分别为 c_A 和 c_B，则在一定温度条件下，$c_A/c_B = K$，K 是一常数，称为"分配系数"，它可以近似地看做此物质在两溶剂中溶解度之比。

设在 $V(mL)$ 的水中溶解 $m_0(g)$ 的有机物，每次用 $S(mL)$ 与水不互溶的有机溶剂（有机物在此溶剂中一般比在水中的溶解度大）重复萃取：

第一次萃取：

设 $V =$ 被萃取溶液的体积（mL），近似看做与 A 的体积相等（因溶质量不多，可忽略）；

$m_0 =$ 被萃取溶液中溶质的总含量（g）；

$S =$ 萃取时所用溶剂 B 的体积（mL）；

$m_1 =$ 第一次萃取后溶质在溶剂 A 中的剩余量（g）；

$m_2 =$ 第二次萃取后溶质在溶剂 A 中的剩余量（g）；

$m_n =$ 经过 n 次萃取后溶质在溶剂 A 中的剩余量（g）；

故 $m_0 - m_1 =$ 第一次萃取后溶质在溶剂 B 中的含量（g）。

故 $m_1 - m_2 =$ 第二次萃取后溶质在溶剂 B 中的含量（g）；

则：

$$\frac{m_1/V}{(m_0-m_1)/S}=K \quad \text{经整理得：} \quad m_1=\frac{KV}{KV+S}m_0$$

同理：

$$\frac{m_2/V}{(m_1-m_2)/S}=K \quad \text{经整理得：} \quad m_2=\frac{KV}{KV+S}m_1=\left(\frac{KV}{KV+2}\right)^n m_0$$

经过 n 次后的剩余量：

$$m_n=\left(\frac{KV}{KV+S}\right)^n m_0$$

当用一定的溶剂萃取时，总是希望在水中的剩余量越少越好。因为上式中 $KV/(KV+S)$ 恒小于 1，所以 n 越大，m_n 就越小，也就是说把溶剂分成几份做多次萃取比用全部溶剂做一次萃取要好。

另外一类萃取原理是利用萃取剂能与被萃取物质起化学反应。这种萃取通常用于从化合物中移去少量杂质或分离混合物。常用的这类萃取剂如 5% 氢氧化钠水溶液，5% 或 10% 的碳酸钠、碳酸氢钠水溶液，稀盐酸、稀硫酸及浓硫酸等。碱性的萃取剂可以从有机相中移出有机酸，或从溶于有机溶剂的有机化合物中除去酸性杂质（使酸性杂质形成钠盐溶于水中）；稀盐酸及稀硫酸可从混合物中萃取出有机碱性物质或用于除去碱性杂质；浓硫酸可用于从饱和烃中除去不饱和烃，从卤代烷中除去醇及醚等。

【仪器及试剂】

仪器：分液漏斗，三角烧瓶，水浴锅，圆底烧瓶，蒸馏头，直形冷凝管，接受器。

试剂：冰醋酸与水的混合溶液（冰醋酸与水以 1∶19 的体积比相混合），乙醚，无水硫酸镁。

【实验内容】（本次实验为间歇多次萃取操作）

1. 选择容积较液体体积大一倍以上的分液漏斗，把活塞擦干，在活塞上均匀涂上一层润滑脂（切勿涂得太厚或使润滑脂进入活塞孔中，以免污染萃取液）。塞好后再把活塞旋转几圈，使润滑脂均匀分布，看上去透明即可。

2. 检查分液漏斗的顶塞与活塞处是否渗漏（用水检验），确认不漏水时方可使用，将其放置在合适的并固定在铁架上的铁圈中，关好活塞。

3. 将 10mL 冰醋酸与水的混合溶液和 10mL 乙醚依次从上口倒入漏斗中，塞紧顶塞（顶塞不能涂润滑脂）。

4. 取下分液漏斗，用右手手掌顶住漏斗顶塞并握住漏斗颈，左手握住漏斗活塞处，大拇指压紧活塞，把分液漏斗口略朝下倾斜并前后振荡：开始振荡要慢，振荡后，使漏斗口仍保持原倾斜状态，下部支管口指向无人处，左手仍握在活塞支管处，用拇指和食指旋开活塞，释放出漏斗内的蒸气或产生的气体，使内外压力平衡，此操作也称"放气"。如此重复至放气时只有很小压力后，再剧烈振荡 2～3min，然后再将漏斗放回铁圈中静置。

5. 待两层液体完全分开后，打开顶塞，再将活塞缓缓旋开，下层液体自活塞放出至三角烧瓶。注意：

① 若萃取剂的密度小于被萃取液的密度，下层液体尽可能放干净，有时两相间可能出现一些絮状物，也应同时放去；然后将上层液体从分液漏斗的上口倒入三角烧瓶中，切不可从活塞放出，以免被残留的被萃取液污染。再将下层液体倒回分液漏斗中，再用新的萃取剂

萃取，重复上述操作，萃取次数一般为 3～5 次。

　　② 若萃取剂的密度大于被萃取液的密度，下层液体从活塞放入三角瓶中，但不要将两相间可能出现的一些絮状物放出；再从漏斗口加入新萃取剂，重复上述操作，萃取次数一般为 3～5 次。

　　6. 将所有的萃取液合并，加入无水硫酸镁干燥至溶液澄清透明。干燥剂的用量一般每 10mL 用 0.5～1g。

　　7. 水浴蒸去乙醚。接受乙醚的接受器置于冰水浴中。

【注意事项】

　　1. 分液漏斗的使用方法正确（包括振摇、放气、静置、分液等操作）。

　　2. 准确判断萃取液与被萃取液的上下层关系。

　　3. 乙醚沸点低，易燃，蒸馏时不能见明火。

【思考题】

　　1. 如何判断萃取液与被萃取液的上下层关系？

　　2. 使用分液漏斗应注意的问题有哪些？

实验 6　重结晶提纯法

【实验目的】

　　1. 学习重结晶法提纯固态有机化合物的原理和方法。

　　2. 掌握抽滤、热滤操作和滤纸的折叠、放置方法。

【实验原理】

　　固体有机物在溶剂中的溶解度与温度有密切关系。一般是温度升高，溶解度增大。若把固体溶解在热的溶剂中达到饱和，冷却时即由于溶解度降低，溶液变成过饱和而析出晶体。利用溶剂对被提纯物质及杂质的溶解度不同，可以使被提纯物质从过饱和溶液中析出，而让杂质全部或大部分仍留在溶液中（若在溶剂中的溶解度极小，则配成饱和溶液后被过滤除去），从而达到提纯目的。

　　在进行重结晶时，选择理想的溶剂是一个关键，理想的溶剂必须具备下列条件：

　　① 不与被提纯物质起化学反应；

　　② 在较高温度时能溶解多量的被提纯物质；而在室温或更低温度时，只能溶解很少量的该种物质；

　　③ 对杂质的溶解度非常大或者非常小（前一种情况是使杂质留在母液中不随被提纯物晶体一同析出；后一种情况是使杂质在热过滤时被滤去）；

　　④ 容易挥发（溶剂的沸点较低），易与结晶分离除去；

　　⑤ 能给出较好的晶体；

　　⑥ 无毒或毒性很小，便于操作；

　　⑦ 价廉易得。

【仪器及药品】

　　仪器：锥形瓶，玻璃漏斗，抽滤瓶，布氏漏斗，热水漏斗，安全瓶，循环水真空泵。

　　药品：乙酰苯胺，尿素，活性炭。

【实验装置图】

图 4-12　热过滤装置

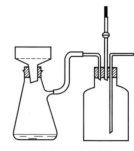

图 4-13　抽滤装置

【实验内容】

1. 溶剂的选择（本实验采用水做溶剂）

一般化合物可以通过查阅手册或辞典中的溶解度一栏相关数据。但溶剂的最后选择是通过试验方法决定的，在进行试验时，必须严防易燃溶剂着火。

2. 固体溶解

通过试验结果或查阅溶解度数据计算被提取物所需溶剂的量，再将被提取物晶体置于锥形瓶中，加入较需要量稍少的适宜溶剂，加热到微微沸腾一段时间后，若未完全溶解，可再添加溶剂，每次加溶剂后需再加热使溶液沸腾，直至被提取物晶体完全溶解（可再补加20％的溶剂）。

若是挥发性及可燃性溶剂，应在锥形瓶上装置回流冷凝管，添加溶剂可从冷凝管的上端加入。

若溶液中含有色杂质，则应加活性炭脱色，应特别注意活性炭的使用。

3. 除杂质（热过滤）

热水漏斗中加满水，将玻璃漏斗放入热水漏斗中，玻璃漏斗中放菊花滤纸。加热热水漏斗柄部，待大量水蒸气冒出时，用热水润湿滤纸，趁热过滤。再用少量热水冲洗滤纸，收集滤液。若为易燃溶剂，则应防止着火或防止溶剂挥发。热过滤时要移开热源。应注意滤纸的折叠方法及操作要领（包括漏斗的预热、滤纸的热水润湿等）。

4. 晶体析出

① 将滤液在室温或保温下静置使之缓缓冷却（如滤液已析出晶体，可加热使之溶解），析出晶体，再用冷水充分冷却。必要时，可进一步用冰水或冰盐水等冷却（视具体情况而定，若使用的溶剂在冰水或冰盐水中能析出结晶，就不能采用此步骤）。

② 有时由于滤液中有焦油状物质或胶状物存在，使结晶不易析出，或有时因形成过饱和溶液也不析出晶体，在这种情况下，可用玻棒摩擦器壁以形成粗糙面，因使溶质分子成定向排列而形成结晶的过程较在平滑面上迅速和容易；或者投入晶种（同一物质的晶体，若无此物质的晶体，可用玻棒蘸一些溶液稍干后即会析出晶体），供给定型晶核，使晶体迅速形成。

③ 有时被提纯化合物呈油状析出，虽然该油状物经长时间静置或足够冷却后也可固化，但这样的固体往往含有较多的杂质（杂质在油状物中常较在溶剂中的溶解度大；其次，析出的固体中还包含一部分母液），纯度不高。用大量溶剂稀释，虽可防止油状物生成，但将使产物大量损失。

这时可将析出油状物的溶液重新加热溶解，然后慢慢冷却。一旦油状物析出时便剧烈搅拌混合物，使油状物在均匀分散的状况下固化，但最好是重新选择溶剂，使其得到晶形产物。

5. 晶体收集、洗涤（减压过滤）

(1) 装置中各仪器的名称和用途介绍

布氏漏斗（真空抽滤）、抽滤瓶（收集滤液）、安全瓶（平衡气压）、水泵（减压抽气）。

(2) 减压过滤程序介绍

剪裁符合规格的滤纸放入漏斗中→用少量溶剂润湿滤纸→开启水泵并关闭安全瓶上的活塞，将滤纸吸紧→打开安全瓶上的活塞，再关闭水泵→借助玻棒，将待分离物分批倒入漏斗中，并用少量滤液洗出沾在容器上的晶体，一并倒入漏斗中→再次开启水泵并关闭安全瓶上的活塞进行减压过滤直至漏斗颈口无液滴为止→打开安全瓶上的活塞，再关闭水泵→用少量溶剂润湿晶体→再次开启水泵并关闭安全瓶上的活塞进行减压过滤直至漏斗颈口无液滴为止（必要时可用玻璃塞挤压晶体，此操作一般进行 1～2 次）。

如重结晶溶剂沸点较高，在用原溶剂至少洗涤一次后，可用低沸点的溶剂洗涤，使最后的结晶产物易于干燥（要注意该溶剂必须是能和第一种溶剂互溶而对晶体是不溶或微溶的）。

过滤少量晶体，可采用玻璃钉装置进行。

抽滤所得母液若有用，可移至其他容器内，再做回收溶剂及纯度较低的产物。

6. 结晶的干燥

在测定熔点前，晶体必须充分干燥，否则测定的熔点会偏低。固体干燥的方法很多，要根据重结晶所用溶剂及结晶的性质来选择：

① 空气晾干（不吸潮的低熔点物质在空气中干燥是最简单的干燥方法）；

② 烘干（对空气和温度稳定的物质可在烘箱中干燥，烘箱温度应比被干燥物质的熔点低 20～50℃）；

③ 用滤纸吸干（此方法易将滤纸纤维污染到固体物上）；

④ 置于干燥器中干燥。

【注意事项】

1. 粗产品的溶解应注意溶剂的量（实际的）。

2. 活性炭的使用及热过滤操作。

3. 减压过滤及晶体的干燥。

【思考题】

1. 怎样选择溶剂？

2. 抽滤装置包括哪几部分？抽滤时应注意什么？

3. 怎样检验晶体的纯度？

实验 7 薄层色谱

【实验目的】

学习薄层色谱一般原理和操作方法。

【实验原理】

色谱法是分离、提纯和鉴定有机化合物的重要方法，有着极其广泛的用途。

色谱法的基本原理是利用混合物中各组分在某一物质中的吸附或溶解性能（即分配）的不同，或其他亲和作用性能的差异，使混合物的溶液流经该物质时进行反复的吸附或分配等作用，从而将各组分分开。流动的混合物溶液称为流动相；固定的物质称为固定相（可以是固体或液体）。根据组分在固定相中的作用原理不同，可分为吸附色谱、分配色谱、离子交换色谱、排阻色谱等；根据操作条件不同，可分为柱色谱、纸色谱、薄层色谱、气相色谱及高效液相色谱等类型。

本次实验主要介绍薄层色谱。

薄层色谱（Thin Layer Chromatography）常用 TLC 表示，又称薄层层析，属于固-液吸附色谱，是近年来发展起来的一种微量、快速而简单的色谱法，它兼备了柱色谱和纸色谱的优点。一方面适用于小量样品（几到几十微克，甚至 $0.01\mu g$）的分离；另一方面若在制作薄层板时，把吸附层加厚，将样品点成一条线，则可分离多达 500mg 的样品。因此又可用来精制样品。故此法特别适用于挥发性较小或在较高温度易发生变化而不能用气相色谱分析的物质。此外，在进行化学反应时，常利用薄层色谱观察原料斑点的逐步消失来判断反应是否完成。

薄层色谱是在洗涤干净的玻板（10cm×3cm 左右）上均匀地涂一层吸附剂或支持剂，待干燥、活化后将样品溶液用管口平整的毛细管滴加于离薄层板一端约 1cm 处的起点线上，晾干或吹干后置薄层板于盛有展开剂的展开槽内，浸入深度为 0.5cm。待展开剂前沿离顶端约 1cm 附近时，将色谱板取出，干燥后喷以显色剂，或在紫外灯下显色。记下原点至主斑点中心及展开剂前沿的距离，计算比移值（R_f）：

$$R_f = \frac{\text{溶质的最高浓度中心至原点中心的距离}}{\text{溶剂前沿至远点中心的距离}}$$

【仪器及试剂】

仪器：硅胶板 GF_{254}，点样管，广口瓶，玻璃片。

试剂：1%罗丹明 B 溶液，0.1%亚甲基蓝溶液，1%罗丹明 B 溶液和 0.1%亚甲基蓝溶液的混合溶液（1∶1），用水饱和的丁醇溶液。

【实验装置图】

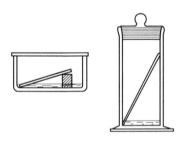

图 4-14　展开薄层色谱的装置

【实验内容】

1. 点样

① 先用铅笔在距薄层板一端 1cm 处轻轻画一横线作为起始线，然后用毛细管吸取样品，在起始线上小心点样，斑点直径一般不超过 2mm。

② 若因样品溶液太稀，可重复点样，但应待前次点样的溶剂挥发后方可重新点样，以防样点过大，造成拖尾、扩散等现象，而影响分离效果。

③ 若在同一板上点几个样，样点间距离应为 1～1.5cm。

④ 点样要轻，不可刺破薄层。

本实验所用溶剂为丁醇。

在薄层色谱中，样品的用量对物质的分离效果有很大影响，所需样品的量与显色剂的灵敏度、吸附剂的种类、薄层的厚度均有关系。样品太少，斑点不清楚，难以观察，但样品量太多时往往出现斑点太大或拖尾现象，以致不易分开。

2. 展开

薄层色谱展开剂的选择，主要根据样品的极性、溶解度和吸附剂的活性等因素来考虑。溶剂的极性越大，则对一化合物的洗脱能力也越大，即 R_f 值也越大（如果样品在溶剂中有一定溶解度）。薄层色谱用的展开剂绝大多数是有机溶剂。

薄层色谱的展开需要在密闭容器中进行。为使溶剂蒸气迅速达到平衡，可在展开槽内衬一滤纸。常用的展开槽有长方形盒式和广口瓶式。

将色谱板置于盛有展开剂的广口瓶中，展开剂不能高于色谱板上的画线。

3. 显色

凡可用于纸色谱的显色剂都可用于薄层色谱。薄层色谱还可使用腐蚀性的显色剂如浓硫酸、浓盐酸和浓磷酸等。

含有荧光剂（硫化锌镉、硅酸锌、荧光黄）的薄层板在紫外光下观察，展开后的有机化合物在亮的荧光背景上呈暗色斑点。也可用卤素斑点试验法来使薄层色谱斑点显色。

本实验样品本身具有颜色，不必在荧光灯下观察。

【注意事项】

1. 薄层板的制备应注意两点：载玻片应干净且不被手污染以及吸附剂在玻片上应均匀平整。

2. 点样与展开应按要求进行：点样不能戳破薄层板面；展开时，不要让展开剂前沿上升至底线。否则，无法确定展开剂上升高度，即无法求得 R_f 值和准确判断粗产物中各组分在薄层板上的相对位置。

【思考题】

1. 色谱板上为什么不能用圆珠笔画线？

2. 点样时应注意哪些问题？

3. R_f 值和样品的极性有什么关系？

实验 8　胡萝卜素的柱色谱分离法

【实验目的】

1. 了解吸附色谱法的基本原理及应用；

2. 掌握吸附色谱的基本操作技术。

【实验原理】

胡萝卜素存在于辣椒和胡萝卜等黄绿色植物中，因其在动物体内可转变成维生素 A，故称为维生素 A 原。胡萝卜素可用酒精、石油醚和丙酮等有机溶剂从食物中提取出来，且能被氧化铝（Al_2O_3）所吸附。由于胡萝卜素与其他植物色素的化学结构不同，它们被氧化铝吸附的强度以及在有机溶剂中的溶解度都不相同，故将提取液利用氧化铝色谱分离，再用石油醚等冲洗色谱柱，即可分离成不同的色带。同植物其他色素比较，胡萝卜素吸附最差，跑在最前面，故最先被洗脱下来。

【仪器及试剂】

1. 仪器：研钵，试管，量筒 100mL，吸管 5mL，分液漏斗 100mL，小烧杯 100mL，玻璃色谱柱（1cm×16cm），滴管，铁架台，蒸发皿，恒温水浴锅，天平，玻璃棒，棉花，滤纸。

2. 试剂：95％乙醇，石油醚及 1％丙酮石油醚（1∶100，体积比），Al$_2$O$_3$（固体），无水硫酸钠 NaSO$_4$，三氯化锑氯仿溶液（称取三氯化锑 22g，加 100mL 氯仿溶解后，贮于棕色瓶中），新鲜红辣椒（或干红辣椒）。

【实验装置图】

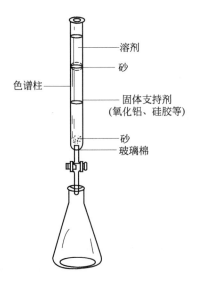

图 4-15　柱色谱分离装置

【实验内容】

1. 提取

方案一：称取新鲜红辣椒 12g 左右（或干红辣椒 2～3g），去籽剪碎后置研钵中研磨。加入 95％乙醇 4mL，研磨至提取液呈深红色，加入丙酮 4mL 继续研磨至成匀浆，加入蒸馏水 20mL。混匀后，以四层纱布（或棉花）过滤，收集全部滤液至分液漏斗中，加入石油醚 6mL，振荡数次后静置片刻。弃去下面的水层，再以蒸馏水 20mL 洗涤数次，直至水层透明为止，借以除去提取液中的乙醇。将橘黄色的石油醚层倒入干燥试管中，加少量 NaSO$_4$ 除去水分，用软木塞塞紧以免石油醚挥发。

方案二：取干红辣椒 2g，剪后放入研钵中，加 95％乙醇 4mL，研磨至提取液呈深红色，再加石油醚 6mL 研磨 3～5min，此时，若石油醚挥发过多，可再加 4mL 左右，提取液颜色愈深则表示提取的胡萝卜素愈多。将提取液先用纱布过滤，再置分液漏斗中，用 20mL 的蒸馏水洗涤数次，直至水层透明为止，借以除去提取液中的乙醇。然后将红色石油醚层倒入干燥试管中，加少量无水硫酸钠除去水分，用软木塞塞紧试管口，以防石油醚挥发。

2. 色谱柱的制备

取直径为 1cm×16cm 的玻璃色谱柱并垂直安装在铁架台上，在其底部放少量棉花，然后自柱的顶端沿管内壁缓缓加入石油醚-氧化铝悬浮液至柱顶部，待氧化铝在柱中沉积约 10cm 时，于其柱床上铺一张略小于色谱柱内径的圆形的小滤纸（或棉花）（装柱要均匀，无断层，柱床表面要水平）。本步骤用滤纸片取代砂。

3. 色谱分离

用细吸管取样品-石油醚提取液 1mL，沿柱内壁缓缓加入（注意切勿破坏柱床面），待样品-石油醚提取液全部进入色谱柱时立即加入含 1% 丙酮石油醚冲洗，使吸附在柱上端的物质逐渐展开成为不同的色带。仔细观察色带的位置、宽度与颜色，并绘图记录。跑在最前方的橘黄色带即为胡萝卜素，待该色素接近色谱柱下端时，用一试管接受此橘黄色液体，然后倒入蒸发皿内，于 80℃ 水浴上蒸干，滴入三氯化锑氯仿溶液数滴，可见蓝色反应，借此鉴定胡萝卜素。

【注意事项】

1. 对新鲜红辣椒等实验材料的研磨一定要仔细，以彻底破坏植物细胞释放胡萝卜素，实验中加入 4mL 丙酮有利于对胡萝卜素的提取，此法可分离得到 5～6 条色带，最前面的色素为胡萝卜素（若分离条件控制得好，该色带又可分离成三条较小的色带，分别为 α，β 和 γ 胡萝卜素），紧随其后者分别为番茄红素和叶黄素等。

2. 吸附剂的活性和吸附剂的含水量有关，除去水分，可提高其吸附力。

3. 装柱时，不能使氧化铝有裂缝和气泡，否则影响分离效果。氧化铝的高度一般为玻璃柱高度的 3/4，装好柱后柱上面覆一层滤纸，以保持柱上端顶部平整。否则将产生不规则的色带。溶媒中丙酮可增强洗脱效果，但含量不宜过多，以免洗脱过快使色带分离不清晰。

4. 分离过程中，要连续不断地加入洗脱剂，并保持一定高度的液面，在整个操作过程中应注意不使氧化铝表面的溶液流干。

5. $SbCl_3$ 腐蚀性较强，使用过程中勿接触皮肤。$SbCl_3$ 遇水生成碱式盐 $[Sb(OH)_2Cl]$ 再变成氯氧化锑（$SbOCl$），此化合物与胡萝卜素不发生作用，可出现浑浊。

【思考题】

1. 吸附色谱法的基本原理是什么？

2. 为使胡萝卜素的分离效果更佳，操作中应注意什么？

实验 9　乙醚的制备

【实验目的】

1. 掌握实验室制备乙醚的原理和方法；

2. 初步掌握低沸点易燃液体的操作要点。

【实验原理】

主反应：

$$C_2H_5OH + H_2SO_4 \xrightleftharpoons{100\sim130℃} C_2H_5OSO_2OH + H_2O$$

$$C_2H_5OSO_2OH + C_2H_5OH \xrightleftharpoons{135\sim145℃} C_2H_5OC_2H_5 + H_2SO_4$$

总反应：

$$C_2H_5OH \underset{H_2SO_4}{\xrightleftharpoons{140℃}} C_2H_5OC_2H_5 + H_2O$$

副反应：

$$C_2H_5OH \xrightarrow{H_2SO_4} \begin{cases} \xrightarrow{170℃} CH_2{=}CH_2 + H_2O \\ \longrightarrow CH_3CHO + SO_2\uparrow + H_2O \end{cases}$$

$$CH_3CHO \xrightarrow{H_2SO_4} CH_3COOH + SO_2\uparrow + H_2O$$

$$SO_2 + H_2O \longrightarrow H_2SO_3$$

【仪器与试剂】

仪器：水浴锅，三颈烧瓶，锥形瓶，滴液漏斗，温度计，冷凝管，接受器。

试剂：乙醇，浓 H_2SO_4，冰，5%NaOH，饱和 NaCl 溶液，饱和 $CaCl_2$ 溶液，无水 $CaCl_2$。

【实验装置图】

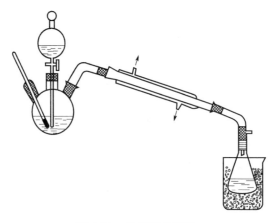

图 4-16　乙醚制备装置

【实验内容】

1. 乙醚的制备

在干燥的三颈烧瓶中加入 12mL 乙醇，缓缓加入 12mL 浓 H_2SO_4 混合均匀。滴液漏斗中加入 25mL 乙醇。

安装好装置。

加热，使反应温度比较迅速地升到 140℃。当第一滴液体馏出时，开始由滴液漏斗慢慢滴加乙醇。

控制滴入速度与馏出液速度大致相等（1 滴/s）。

维持反应温度在 135～145℃ 内 30～45min 滴完，再继续加热 10min，直到温度升到 160℃，停止反应。

2. 乙醚的精制

将馏出液转至分液漏斗中，依次用 8mL 5% NaOH、8mL 饱和 NaCl 洗涤，最后用 8mL 饱和 $CaCl_2$ 洗涤 2 次。

分出醚层，用无水 $CaCl_2$ 干燥。

分出醚，蒸馏收集 33～38℃ 馏分。

计算产率。

【注意事项】

1. 滴液漏斗颈应插入液面以下，使乙醇充分反应；

2. 接受装置应浸在冰水中；

3. 精制乙醚时应水浴加热，在冰水浴中接受；

4. 注意洗涤时顺序不能错。

【思考题】

1. 本实验中，把混在粗制乙醚里的杂质一一除去采用哪些措施？

2. 反应温度过高或过低对反应有什么影响？

实验 10　1-溴丁烷的制备

【实验目的】

1. 学习以溴化钠、浓硫酸和正丁醇制备 1-溴丁烷的原理与方法；

2. 练习带有吸收有害气体装置的回流加热操作。

【实验原理】

本实验中 1-溴丁烷是由正丁醇与溴化钠、浓硫酸共热而制得：

主反应：

$$NaBr + H_2SO_4 \longrightarrow HBr + NaHSO_4$$

$$n\text{-}C_4H_9OH + HBr \xrightarrow{H_2SO_4} n\text{-}C_4H_9Br + H_2O$$

可能的副反应：

$$CH_3CH_2CH_2CH_2OH \xrightarrow{H_2SO_4} CH_3CH_2CH = CH_2 + H_2O$$

$$2CH_3CH_2CH_2CH_2OH \xrightarrow{H_2SO_4} (CH_3CH_2CH_2CH_2)_2O + H_2O$$

$$2HBr + H_2SO_4 \xrightarrow{\triangle} Br_2 + SO_2 + 2H_2O$$

【仪器及试剂】

仪器：圆底烧瓶，球形冷凝管，气体吸收装置。

试剂：7.5mL（0.08mol）正丁醇，10g（约 0.10mol）无水溴化钠，浓硫酸，饱和碳酸氢钠溶液，无水氯化钙，5% NaOH 溶液。

【实验装置图】

图 4-17　1-溴丁烷的制备装置

【实验内容】

1. 投料

在 100mL 圆底烧瓶中加入 10mL 水，再慢慢加入 12mL 浓硫酸，混合均匀并冷至室温后，再依次加入 7.5mL 正丁醇和 10g 溴化钠，充分振荡后加入几粒沸石（硫酸在反应中与溴化钠作用生成氢溴酸，氢溴酸与正丁醇作用发生取代反应生成正溴丁烷。硫酸用量和浓度过大，会加大副反应进行；若硫酸用量和浓度过小，不利于主反应的发生，即氢溴酸和正溴丁烷的生成）。

2. 安装

以石棉网覆盖电炉为热源，安装回流装置，在冷凝管的上端接气体吸收部分，5％氢氧化钠溶液作吸收剂（注意圆底烧瓶底部与石棉网间的距离和防止碱液被倒吸）。

3. 加热回流

在石棉网上加热至沸腾，调整圆底烧瓶底部与石棉网的距离，以保持沸腾而又平稳回流，并时常摇动烧瓶促使反应完成，反应约 30～40min（注意调整距离和摇动烧瓶的操作）。

4. 分离粗产物

待反应液冷却后，改回流装置为蒸馏装置（用直形冷凝管冷凝），蒸出粗产物。至馏出液滴澄清，停止蒸馏。

5. 洗涤粗产物

将馏出液移至分液漏斗中，加入 10mL 的水洗涤（产物在下层），静置分层后，将产物转入另一干燥的分液漏斗中，用 5mL 的浓硫酸洗涤（除去粗产物中的少量未反应的正丁醇及副产物正丁醚、1-丁烯、2-丁烯）。尽量分去硫酸层（下层）。有机相依次用 10mL 的水（除去硫酸）、饱和碳酸氢钠溶液（中和未除尽的硫酸）和水（除去残留的碱）洗涤后，转入干燥的锥形瓶中，加入 1～2g 的无水氯化钙干燥，间歇摇动锥形瓶，直到液体清亮为止。

6. 收集产物

将干燥好的产物移至小蒸馏瓶中，在石棉网上加热蒸馏，收集 99～103℃的馏分。

【注意事项】

1. 溴化钠要先研细再加入，沾在瓶口的颗粒一定要清洗下去，以免影响接口的密封性。

2. 开始加热反应物不可过猛（避免 HBr 逸出），回流期间注意观察导气用的漏斗，防止其浸入水中。

3. 蒸馏粗产品时要注意观察反应物中油层及馏出液的变化，油层蒸完时一般馏出液就由浑浊变为清亮。也可通过温度计观察馏出温度，达到 105℃以上即可停止蒸馏。

4. 粗产品用硫酸洗涤前一定要将其中的水分离干净，否则浓硫酸被稀释会降低洗涤效果。

5. 当在分液漏斗中洗涤粗产品（尤其是用碳酸钠溶液洗涤）时，一定要及时放气。

6. 用无水氯化钙干燥产品前，一定要将油层中的水分离干净，否则会影响干燥效果。

7. 最后蒸馏用的仪器要事先干燥好。

8. 本实验成功的关键在于尽量使反应物受热均匀，其次在洗涤与分离过程中要注意摇动分液漏斗后的适当静置。

【思考题】

1. 蒸馏时如何判断终点？

2. 浓硫酸、水、饱和碳酸氢钠溶液分别洗去哪些杂质？

3. 安装吸收装置应注意哪些问题？

实验 11　从茶叶中提取咖啡因

【实验目的】

1. 了解咖啡因的性质；
2. 学习生物碱的提取方法；
3. 学习脂肪提取器的作用和使用方法。

【实验原理】

咖啡因具有刺激心脏、兴奋大脑神经和利尿等作用，因此可用做中枢神经兴奋药。它也是复方阿司匹林（APC）等药物的组分之一。咖啡因是一种生物碱，其构造式为：

$$\text{1,3,7-三甲基-2,6-二氧嘌呤}$$

咖啡因易溶于氯仿（12.5%），水（2%）及乙醇（2%）等。含结晶水的咖啡因为无色针状晶体，在 100℃ 时即失去结晶水，并开始升华，在 120℃ 升华显著，178℃ 升华很快。

茶叶中含有咖啡因，约占 1%～5%，另外还含有 11%～12% 的丹宁酸（鞣酸），0.6% 的色素、纤维素、蛋白质等。为了提取茶叶中的咖啡因，可用适当的溶剂（如乙醇等）在脂肪提取器中连续萃取，然后蒸去溶剂，即得粗咖啡因。粗咖啡因中还含有其他一些生物碱和杂质（如丹宁酸）等，可利用升华法进一步提纯。

【仪器及试剂】

仪器：脂肪提取器，圆底烧瓶，蒸馏头，直形冷凝管，接受器，蒸发皿，玻璃漏斗。

试剂：茶叶，95% 乙醇，氧化钙。

【实验装置图】

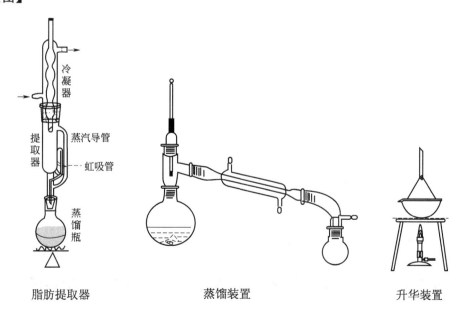

图 4-18　咖啡因提取装置

【实验内容】

1. 粗提

（1）仪器安装（采用脂肪提取器）

脂肪提取器是利用溶剂回流和虹吸原理，使固体物质连续不断地为纯溶剂所萃取的仪器。溶剂沸腾时，其蒸气通过侧管上升，被冷凝管冷凝成液体，滴入套筒中，浸润固体物质，使之溶于溶剂中，当套筒内溶剂液面超过虹吸管的最高处时，即发生虹吸，流入烧瓶中。通过反复地回流和虹吸，从而将固体物质富集在烧瓶中。脂肪提取器为配套仪器，其任一部件损坏将会导致整套仪器的报废，特别是虹吸管极易折断，所以在安装仪器和实验过程中须特别小心。

（2）连续萃取

称取 10g 茶叶，研细，用滤纸包好，放入脂肪提取器的套筒中，用 75mL 95％乙醇水浴加热连续萃取 2～3h。

（3）蒸馏浓缩

待刚好发生虹吸后，把装置改为蒸馏装置，蒸出大部分乙醇。

（4）加碱中和

趁热将残余物倾入蒸发皿中，拌入 3～4g 生石灰，使成糊状。蒸气浴加热，不断搅拌下蒸干。

（5）焙炒除水

将蒸发皿放在石棉网上，压碎块状物，小火焙炒，除尽水分成粉末状。

2. 纯化

（1）仪器安装

安装升华装置。用滤纸罩在蒸发皿上，并在滤纸上扎一些小孔，再在滤纸上罩上口径合适的玻璃漏斗。

（2）初次升华

220℃砂浴升华，刮下咖啡因。

（3）再次升华

残渣经拌和后升高砂浴温度升华，合并咖啡因。

3. 检验

称重后测定熔点，纯净咖啡因熔点为 234.5℃。

【注意事项】

1. 用滤纸包茶叶末时要严实，防止茶叶末漏出堵塞虹吸管；滤纸包大小要合适，既能紧贴套管内壁，又能方便取放，且其高度不能超出虹吸管高度。

2. 若套筒内萃取液色浅，即可停止萃取。

3. 浓缩萃取液时不可蒸得太干，以防转移损失。否则因残液很黏而难于转移，造成损失。

4. 拌入生石灰要均匀，生石灰的作用除吸水外，还可中和除去部分酸性杂质（如鞣酸）。

5. 升华过程中要控制好温度。若温度太低，升华速度较慢，若温度太高，会使产物发黄（分解）。

6. 刮下咖啡因时要小心操作，防止混入杂质。

【思考题】

1. 本实验中使用生石灰的作用有哪些？
2. 除可用乙醇萃取咖啡因外，还可采用哪些溶剂萃取？

实验 12　　乙酰水杨酸的制备

【实验目的】

1. 熟悉酰化反应的原理和实验操作方法；
2. 巩固用重结晶方法提纯有机物。

【实验原理】

将水杨酸与乙酐作用，通过乙酰化反应，使水杨酸分子中酚羟基上的氢原子被乙酰基取代生成乙酰水杨酸。加入少量浓硫酸做催化剂，其作用是破坏水杨酸分子中羧基与酚羟基间形成的氢键，从而使酰化反应容易完成。

主反应：

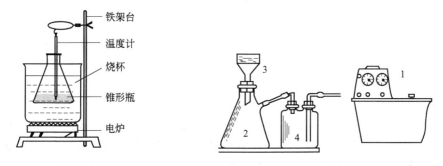

副反应：

【仪器及试剂】

仪器：锥形瓶，电炉，温度计，烧杯，布氏漏斗，吸滤瓶，水泵，量筒，安全瓶，表面皿。

试剂：水杨酸，乙酐，浓硫酸，95％乙醇，$0.06 \, mol \cdot L^{-1}$ 三氯化铁。

【实验装置图】

图 4-19　乙酰水杨酸制备装置

1—水泵；2—抽滤瓶；3—布式漏斗；4—安全瓶

【实验内容】

1. 在锥形瓶中加入 6.3g 干燥的水杨酸、9mL 乙酐、10 滴浓硫酸，充分振荡，水杨酸部分溶解。

2. 用 80℃水浴加热 20min，在此过程中不断振荡。水杨酸粉末逐渐溶解，得透明溶液。取少量液体，滴入三氯化铁 1~2 滴，观察颜色变化，鉴定产物。

3. 自然冷却之后加 5mL 水，再用冰水冷却 5min。出现白色结晶，直至结晶不再增加。

4. 减压过滤，洗涤滤饼，抽干，得粗制滤渣，滤液弃去。

5. 所得滤渣为粗制的乙酰水杨酸，转入干燥的小烧杯中，并用 10mL 乙醇把沾在布氏漏斗及滤纸上的产品洗入小烧杯中。

6. 水浴加热，待晶体完全溶解后，趁热抽滤，滤液收集在小烧杯中。

7. 滤液中加水 30mL，冰水浴中冷却 15min，等结晶完全析出。

8. 抽滤，洗涤结晶两次，抽干。得到纯乙酰水杨酸，称重。

9. 检验。乙酰水杨酸用乙醇溶解，滴入三氯化铁 1~2 滴，观察颜色变化，鉴定产品纯度。

【注意事项】

1. 本实验中所用的仪器必须干燥。

2. 结晶要完全，直到晶体不再增加。

3. 反应过程温度须控制在 80~90℃左右，温度过高会加快副产物的生成。

【思考题】

1. 重结晶的原理是什么？

2. 前后两次用三氯化铁溶液检查，其结果说明了什么？

实验 13 从槐花米中提取芦丁

【实验目的】

1. 学习黄酮苷类化合物的提取方法；

2. 掌握趁热过滤及重结晶等基体操作。

【实验原理】

芦丁（Rutin）又称芸香苷（Rutioside），有调节毛细血管壁渗透性的作用，临床上用做毛细血管止血药，作为高血压症的辅助治疗药物。

芦丁存在于槐花米和荞麦叶中，槐花米是槐系豆科槐属植物的花蕾，含芦丁量高达 12%~16%，荞麦叶中含 8%，芦丁是黄酮类植物的一种成分，黄酮类植物成分是存在于植物界并具有黄酮骨架的一类化合物。就黄色色素而言，它们的分子中都有一个酮式羰基又显黄色，所以称为黄酮。

黄酮的中草药成分几乎都带有一个以上羟基，还可能有甲氧基、烃基、烃氧基等其他取代基，3、5、7、3'、4'几个位置上有羟基或甲氧基的机会最多，6、8、1'、2'等位置上有取代基的成分比较少见。由于黄酮类化合物结构中的羟基较多，大多数情况下是一元苷，也有二元苷。芦丁是黄酮苷，其结构如下：

黄酮骨架　　　　　　　　芦丁(Rutin)

【仪器及试剂】

仪器：烧杯，酒精灯，胶头滴管，布氏漏斗，抽滤瓶，水泵。

试剂：槐花米、饱和石灰水溶液、15%盐酸，pH 试纸。

【实验内容】

1. 称取 3g 槐花米于研钵中研成粉状，置于 50mL 烧杯中，加入 30mL 饱和石灰水溶液，加热至沸，并不断搅拌，煮沸一刻钟后，抽滤，滤渣再用 20mL 饱和石灰水溶液煮沸 10min，合并滤液用 15%盐酸中和，调节 pH＝3～4，静置 1～2h，使沉淀，抽滤，水洗，得芦丁粗产物。

2. 将制得的芦丁粗品置于 50mL 烧杯中，加入 30mL 水，加热至沸，并不断搅拌，并慢慢加入 10mL 饱和石灰水溶液，调节 pH＝8～9，等沉淀溶解后，趁热过滤，滤液置于 50mL 烧杯中，用 15%盐酸调 pH＝4～5，静置 30min，芦丁以浅黄色结晶析出，抽滤，水洗，烘干得芦丁纯品。

【注意事项】

1. 加入饱和石灰水溶液既可以达到碱溶解提取芦丁的目的，又可以除去槐花米中大量多糖黏液质。也可直接加入 150mL 水和 1g Ca(OH)$_2$ 粉末，而不必配成饱和溶液，第二次溶解时只需加 100mL 水。

2. pH 值过低会使芦丁形成锌盐而增加了水溶性，降低收率。

3. 减压抽滤时应趁热过滤。

【思考题】

1. 为什么可用碱法从槐花米中提取芦丁？

2. 怎样鉴别芦丁？

附　　录

附录 1　市售酸碱试剂的浓度及相对密度

试剂	相对密度	浓度/(mol·L^{-1})	质量百分浓度/%
冰醋酸	1.05	17.4	99.7
氨水	0.90	14.8	28.0
苯胺	1.022	11.0	
盐酸	1.19	11.9	36.5
氢氟酸	1.14	27.4	48.0
硝酸	1.42	15.8	70.0
高氯酸	1.67	11.6	70.0
磷酸	1.69	14.6	85.0
硫酸	1.84	18.4	98.0
三乙醇胺	1.124	7.5	
浓氢氧化钠	1.44	14.4	40
饱和氢氧化钠	1.539	20.07	

附录 2　化学试剂纯度分级表

规格	基准试剂	一级试剂	二级试剂	三级试剂	四级试剂
国家标准	JZ 绿色标签	优级纯 GR 绿色标签	分析纯 AR 红色标签	化学纯 CP 蓝色标签	实验纯 LR 黄标签
用途	作为基准物质，标定标准溶液	适用于最精确分析及研究工作	适用于精确的微量分析工作	适用于一般的微量分析实验	适用于一般定性检验

附录 3　常用的气体干燥剂

气体	干燥剂	气体	干燥剂
H_2	$CaCl_2$、P_2O_5、浓 H_2SO_4	H_2S	$CaCl_2$
O_2	$CaCl_2$、P_2O_5、浓 H_2SO_4	NH_3	CaO 或 CaO-KOH
Cl_2	$CaCl_2$	NO	$Ca(NO_3)_2$
N_2	$CaCl_2$、P_2O_5、浓 H_2SO_4	HCl	$CaCl_2$
O_3	$CaCl_2$	HBr	$CaBr_2$
CO	$CaCl_2$、P_2O_5、浓 H_2SO_4	HI	CaI_2
CO_2	$CaCl_2$、P_2O_5、浓 H_2SO_4	SO_2	$CaCl_2$、P_2O_5、浓 H_2SO_4

附录 4　相对原子质量表

元素		原子序数	相对原子质量	元素		原子序数	相对原子质量
名称	符号			名称	符号		
氢	H	1	1.008	钯	Pd	46	106.4
氦	He	2	4.003	银	Ag	47	107.9
锂	Li	3	6.941	镉	Cd	48	112.4
铍	Be	4	9.012	铟	In	49	114.8
硼	B	5	10.81	锡	Sn	50	118.7
碳	C	6	12.01	锑	Sb	51	121.8
氮	N	7	14.01	碲	Te	52	127.6
氧	O	8	16.00	碘	I	53	126.9
氟	F	9	19.00	氙	Xe	54	131.3
氖	Ne	10	20.18	铯	Cs	55	132.9
钠	Na	11	22.99	钡	Ba	56	137.3
镁	Mg	12	24.31	镧	La	57	138.9
铝	Al	13	26.98	铈	Ce	58	140.1
硅	Si	14	28.09	镨	Pr	59	140.9
磷	P	15	30.97	钕	Nd	60	144.2
硫	S	16	32.07	钷	Pm	61	144.9
氯	Cl	17	35.45	钐	Sm	62	150.4
氩	Ar	18	39.95	铕	Eu	63	152.0
钾	K	19	39.10	钆	Gd	64	157.3
钙	Ca	20	40.08	铽	Tb	65	158.9
钪	Sc	21	44.96	镝	Dy	66	162.5
钛	Ti	22	47.88	钬	Ho	67	164.9
钒	V	23	50.94	铒	Fr	68	167.3
铬	Cr	24	52.00	铥	Tm	69	168.9
锰	Mn	25	54.94	镱	Yb	70	173.0
铁	Fe	26	55.85	镥	Lu	71	175.0
钴	Co	27	58.93	铪	Hf	72	178.5
镍	Ni	28	58.69	钽	Ta	73	180.9
铜	Cu	29	63.55	钨	W	74	183.9
锌	Zn	30	65.39	铼	Re	75	186.2
镓	Ga	31	69.72	锇	Os	76	190.2
锗	Ge	32	72.61	铱	Ir	77	192.2
砷	As	33	74.92	铂	Pt	78	195.1
硒	Se	34	78.96	金	Au	79	197.0
溴	Br	35	79.90	汞	Hg	80	200.6
氪	Kr	36	83.80	铊	Tl	81	204.4
铷	Rb	37	85.47	铅	Pb	82	207.2
锶	Sr	38	87.62	铋	Bi	83	209.0
钇	Y	39	88.91	钋	^{210}Po	84	210.0
锆	Z	40	91.22	砹	^{210}At	85	210.0
铌	Nb	41	92.91	氡	^{222}Rn	86	222.0
钼	Mo	42	95.94	钫	^{223}Fr	87	223.2
锝	Te	43	98.91	镭	^{226}Ra	88	226.0
钌	Ru	44	101.1	锕	^{227}Ac	89	227.0
铑	Rh	45	102.9	钍	Th	90	232.0

元　素		原子序数	相对原子质量	元　素		原子序数	相对原子质量
名称	符号			名称	符号		
镤	^{231}Pa	91	231.0	镄	^{257}Fm	100	257.1
铀	U	92	238.0	钔	^{256}Md	101	256.1
镎	^{237}Np	93	237.0	锘	^{259}No	102	259.1
钚	^{239}Pu	94	239.1	铹	^{260}Lr	103	260.1
镅	^{243}Am	95	243.1	𬬻	^{261}Rf	104	261.1
锔	^{247}Cm	96	247.1	𬭊	^{262}Ha	105	262.1
锫	^{247}Bk	97	247.1		^{263}Nh	106	263.1
锎	^{252}Ct	98	252.1		^{262}Ns	107	262.1
锿	^{252}Es	99	252.1		^{266}Ue	108	266.1

附录 5　洗涤液的配制及使用

1. 铬酸洗液

主要用于去除少量油污，是无机及分析化学实验室中最常用的洗涤液。使用时应先将待洗仪器用自来水冲洗一遍，尽量将附着在仪器上的水控净，然后用适量的洗液浸泡。

配制方法：称取 25g 化学纯 $K_2Cr_2O_7$ 置于烧杯中，加 50mL 水溶解，然后一边搅拌一边慢慢沿着烧杯壁加入 450mL 工业浓 H_2SO_4，冷却后转移到有玻璃塞的细口瓶中保存。

2. 酸性洗液

工业盐酸（1∶1），用于去除碱性物质和无机物残渣，使用方法与铬酸洗液相同。

3. 碱性洗液

1% 的 NaOH 水溶液，可用于去除油污，加热时效果较好，但长时间加热会腐蚀玻璃。使用方法与铬酸洗液相同。

4. 草酸洗液

用于除去 Mn、Fe 等氧化物。加热时洗涤效果更好。

配制方法：5～10g 草酸溶于 100mL 水中，再加入少量浓盐酸。

5. 盐酸-乙醇洗液

用于洗涤被染色的比色皿、比色管和吸量管等。

配制方法：将化学纯的盐酸与乙醇以 1∶2 的体积比混合。

6. 酒精与浓硝酸的混合液

此溶液适合于洗涤滴定管。使用时，先在滴定管中加入 3mL 酒精，沿壁再加入 4mL 浓 HNO_3，盖上滴定管管口，利用反应所产生的氧化氮洗涤滴定管。

7. 含 $KMnO_4$ 的 NaOH 水溶液

将 10g $KMnO_4$ 溶于少量水中，向该溶液中注入 100mL 10% NaOH 溶液即成。该溶液适用于洗涤油污及有机物，洗后在玻璃器皿上留下的 MnO_2 沉淀，可用浓 HCl 或 Na_2SO_3 溶液将其洗掉。

附录 6　常用缓冲溶液的配制

缓冲溶液组成	pK_a	缓冲液 pH	缓冲溶液配制方法
氨基乙酸-HCl	2.35 (pK_{a_1})	2.3	取氨基乙酸 150g 溶于 500mL 水中后，加浓 HCl 80mL，用水稀释至 1L
H_3PO_4-柠檬酸盐		2.5	取 $Na_2HPO_4 \cdot 12H_2O$ 113g 溶于 200mL 水后，加柠檬酸 387g，溶解，过滤后，稀释至 1L
一氯乙酸-NaOH	2.86	2.8	取 200g 一氯乙酸溶于 200mL 水中，加 NaOH 40g，溶解后，稀至 1L
邻苯二甲酸氢钾-HCl	2.95 (pK_{a_1})	2.9	取 500g 邻苯二甲酸氢钾溶于 500mL 水中，加浓 HCl 80mL，稀至 1L
甲酸-NaOH	3.76	3.7	取 95g 甲酸和 NaOH 40g 于 500mL 水中，溶解，稀至 1L
NaAc-HAc	4.74	4.7	取无水 NaAc 83g 溶于水中，加冰 HAc 60mL，稀至 1L
六亚甲基四胺-HCl	5.15	5.4	取六亚甲基四胺 40g 溶于 200mL 水中，加浓 HCl 10mL，稀至 1L
Tris-HCl[三羟甲基氨甲烷($HOCH_2)_3CNH_2$]	8.21	8.2	取 25g Tris 试剂溶于水中，加浓 HCl 8mL，稀至 1L
NH_3-NH_4Cl	9.26	9.2	取 NH_4Cl 54g 溶于水中，加浓氨水 63mL，稀至 1L

附录 7　常用指示剂

（1）酸碱指示剂

指示剂	变色范围 pH	颜色变化	pK_{HIn}	浓　　　　度
百里酚蓝	1.2~2.8	红~黄	1.65	0.1%的 20%乙醇溶液
甲基黄	2.9~4.0	红~黄	3.25	0.1%的 90%乙醇溶液
甲基橙	3.1~4.4	红~黄	3.45	0.1%的水溶液
溴酚蓝	3.0~4.6	黄~紫	4.1	0.1%的 20%乙醇溶液或其钠盐水溶液
溴甲酚绿	4.0~5.6	黄~蓝	4.9	0.1%的 20%乙醇溶液或其钠盐水溶液
甲基红	4.4~6.2	红~黄	5.0	0.1%的 60%乙醇溶液或其钠盐水溶液
溴百里酚蓝	6.2~7.6	黄~蓝	7.3	0.1%的 20%乙醇溶液或其钠盐水溶液
中性红	6.8~8.0	红~黄橙	7.4	0.1%的 60%乙醇溶液
苯酚红	6.8~8.4	黄~红	8.0	0.1%的 60%乙醇溶液或其钠盐水溶液
酚酞	8.0~10.0	无~红	9.1	0.2%的 90%乙醇溶液
百里酚蓝	8.0~9.6	黄~蓝	8.9	0.1%的 20%乙醇溶液
百里酚酞	9.4~10.6	无~蓝	10.0	0.1%的 90%乙醇溶液

（2）混合指示剂

指示剂溶液的组成	变色时 pH 值	颜色 酸色	颜色 碱色	备　　注
一份 0.1%甲基黄乙醇溶液 一份 0.1%亚甲基蓝乙醇溶液	3.25	蓝紫	绿	pH=3.2 蓝紫色 pH=3.4 绿色
一份 0.1%甲基橙水溶液 一份 0.25%靛蓝二磺酸水溶液	4.1	紫	黄绿	

指示剂溶液的组成	变色时pH值	颜色		备　注
		酸色	碱色	
一份 0.1%溴甲酚绿钠盐水溶液 一份 0.2%甲基橙水溶液	4.3	橙	蓝绿	pH=3.5 黄色 pH=4.05 绿色 pH=4.3 蓝绿色
三份 0.1%溴甲酚绿乙醇溶液 一份 0.2%甲基红乙醇溶液	5.1	酒红	绿	
一份 0.1%溴甲酚绿钠盐水溶液 一份 0.1%氯酚红钠盐水溶液	6.1	黄绿	蓝绿	pH=5.4 蓝绿色 pH=5.8 蓝色 pH=6.0 蓝带紫 pH=6.2 蓝紫色
一份 0.1%中性红乙醇溶液 一份 0.1%亚甲基蓝乙醇溶液	7.0	蓝紫	绿	pH=7.0 紫蓝
一份 0.1%甲酚红钠盐水溶液 三份 0.1%百里酚蓝钠盐水溶液	8.3	黄	紫	pH=8.2 玫瑰红 pH=8.4 清晰的紫色
一份 0.1%百里酚蓝 50%乙醇溶液 三份 0.1%酚酞 50%乙醇溶液	9.0	黄	紫	从黄到绿,再到紫
一份 0.1%酚酞乙醇溶液 一份 0.1%百里酚酞乙醇溶液	9.9	无	紫	pH=9.6 玫瑰红 pH=10 紫色
二份 0.1%百里酚酞乙醇溶液 一份 0.1%茜素黄 R 乙醇溶液	10.2	黄	紫	

(3) 配位滴定指示剂

名称	配制	用于测定		
		元素	颜色变化	测定条件
酸性铬蓝 K	0.1%乙醇溶液	Ca Mg	红~蓝 红~蓝	pH=12 pH=10(氨性缓冲溶液)
钙指示剂	与 NaCl 配成 1∶100 的固体混合物	Ca	酒红~蓝	pH>12(KOH 或 NaOH)
铬天青 S	0.4%水溶液	Al Cu Fe(Ⅱ) Mg	紫~黄橙 蓝紫~黄 蓝~橙 红~黄	pH=4(醋酸缓冲溶液),热 pH=6~6.5(醋酸缓冲溶液) pH=2~3 pH=10~11(氨性缓冲溶液)
双硫腙	0.03%乙醇溶液	Zn	红~绿紫	pH=4.5,50%乙醇溶液
铬黑 T	与 NaCl 配成 1∶100 的固体混合物	Al Bi Ca Cd Mg Mn Ni Pb Zn	蓝~红 蓝~红 红~蓝 红~蓝 红~蓝 红~蓝 红~蓝 红~蓝 红~蓝	pH=7~8,吡啶存在下,以 Zn^{2+} 回滴 pH=9~10,以 Zn^{2+} 回滴 pH=10,加入 EDTA-Mg pH=10(氨性缓冲溶液) pH=10(氨性缓冲溶液) 氨性缓冲溶液,加羟胺 氨性缓冲溶液 氨性缓冲溶液,加酒石酸钾 pH=6.8~10(氨性缓冲溶液)
紫脲酸胺	与 NaCl 配成 1∶100 的固体混合物	Ca Co Cu Ni	红~紫 黄~紫 黄~紫 黄~紫红	pH>10(NaOH),25%乙醇 pH=8~10(氨性缓冲溶液) pH=7~8(氨性缓冲溶液) pH=8.5~11.5(氨性缓冲溶液)

名称	配制	用于测定		
		元素	颜色变化	测定条件
PAN	0.1%乙醇(或甲醇)溶液	Cd	红～黄	pH=6(醋酸缓冲溶液)
		Co	黄～红	醋酸缓冲溶液,70～80℃。以 Cu^{2+} 回滴
		Cu	紫～黄	pH=10(氨性缓冲溶液)
			红～黄	pH=6(醋酸缓冲溶液)
		Zn	粉红～黄	pH=5～7(醋酸缓冲溶液)
PAR	0.05%或 0.2%水溶液	Bi	红～黄	pH=1～2(HNO₃)
		Cu	红～黄(绿)	pH=5～11(六亚甲基四胺,氨性缓冲溶液)
		Pb	红～黄	六亚甲基四胺或氨性缓冲溶液
邻苯二酚紫	0.1%水溶液	Cd	蓝～红紫	pH=10(氨性缓冲溶液)
		Co	蓝～红紫	pH=8～9(氨性缓冲溶液)
		Cu	蓝～黄绿	pH=6～7,吡啶溶液
		Fe(Ⅱ)	黄绿～蓝	pH=6～7,吡啶存在下,以 Cu^{2+} 回滴
		Mg	蓝～红紫	pH=10(氨性缓冲溶液)
		Mn	蓝～红紫	pH=9(氨性缓冲溶液),加羟胺
		Pb	蓝～黄	pH=5.5(六亚甲基四胺)
		Zn	蓝～红紫	pH=10(氨性缓冲溶液)
磺基水杨酸	1%～2%水溶液	Fe(Ⅱ)	红紫～黄	pH=1.5～2
试钛灵	2%水溶液	Fe(Ⅱ)	蓝～黄	pH=2～3(醋酸热溶液)
二甲酚橙 XO	0.5%乙醇(或水)溶液	Bi	红～黄	pH=1～2(HNO₃)
		Cd	粉红～黄	pH=5～6(六亚甲基四胺)
		Pb	红紫～黄	pH=5～6(醋酸缓冲溶液)
		Th(Ⅳ)	红～黄	pH=1.6～3.5(HNO₃)
		Zn	红～黄	pH=5～6(醋酸缓冲溶液)

附录 8　无机酸在水溶液中的解离常数（25℃）

序号(No.)	名称(Name)	化学式(Chemical formula)	K_a	pK_a
1	偏铝酸	$HAlO_2$	6.3×10^{-13}	12.20
2	亚砷酸	H_3AsO_3	6.0×10^{-10}	9.22
3	砷酸	H_3AsO_4	$6.3 \times 10^{-3}(K_1)$	2.20
			$1.05 \times 10^{-7}(K_2)$	6.98
			$3.2 \times 10^{-12}(K_3)$	11.50
4	硼酸	H_3BO_3	$5.8 \times 10^{-10}(K_1)$	9.24
			$1.8 \times 10^{-13}(K_2)$	12.74
			$1.6 \times 10^{-14}(K_3)$	13.80
5	次溴酸	$HBrO$	2.4×10^{-9}	8.62
6	氢氰酸	HCN	6.2×10^{-10}	9.21
7	碳酸	H_2CO_3	$4.2 \times 10^{-7}(K_1)$	6.38
			$5.6 \times 10^{-11}(K_2)$	10.25
8	次氯酸	$HClO$	3.2×10^{-8}	7.50
9	氢氟酸	HF	6.61×10^{-4}	3.18

续表

序号(No.)	名称(Name)	化学式(Chemical formula)	K_a	pK_a
10	锗酸	H_2GeO_3	$1.7\times10^{-9}(K_1)$	8.78
			$1.9\times10^{-13}(K_2)$	12.72
11	高碘酸	HIO_4	2.8×10^{-2}	1.56
12	亚硝酸	HNO_2	5.1×10^{-4}	3.29
13	次磷酸	H_3PO_2	5.9×10^{-2}	1.23
14	亚磷酸	H_3PO_3	$5.0\times10^{-2}(K_1)$	1.30
			$2.5\times10^{-7}(K_2)$	6.60
15	磷酸	H_3PO_4	$7.52\times10^{-3}(K_1)$	2.12
			$6.31\times10^{-8}(K_2)$	7.20
			$4.4\times10^{-13}(K_3)$	12.36
16	焦磷酸	$H_4P_2O_7$	$3.0\times10^{-2}(K_1)$	1.52
			$4.4\times10^{-3}(K_2)$	2.36
			$2.5\times10^{-7}(K_3)$	6.60
			$5.6\times10^{-10}(K_4)$	9.25
17	氢硫酸	H_2S	$1.3\times10^{-7}(K_1)$	6.88
			$7.1\times10^{-15}(K_2)$	14.15
18	亚硫酸	H_2SO_3	$1.23\times10^{-2}(K_1)$	1.91
			$6.6\times10^{-8}(K_2)$	7.18
19	硫酸	H_2SO_4	$1.0\times10^{-3}(K_1)$	-3.0
			$1.02\times10^{-2}(K_2)$	1.99
20	硫代硫酸	$H_2S_2O_3$	$2.52\times10^{-1}(K_1)$	0.60
			$1.9\times10^{-2}(K_2)$	1.72
21	氢硒酸	H_2Se	$1.3\times10^{-4}(K_1)$	3.89
			$1.0\times10^{-11}(K_2)$	11.0
22	亚硒酸	H_2SeO_3	$2.7\times10^{-3}(K_1)$	2.57
			$2.5\times10^{-7}(K_2)$	6.60
23	硒酸	H_2SeO_4	$1\times10^{-3}(K_1)$	-3.0
			$1.2\times10^{-2}(K_2)$	1.92
24	硅酸	H_2SiO_3	$1.7\times10^{-10}(K_1)$	9.77
			$1.6\times10^{-12}(K_2)$	11.80
25	亚碲酸	H_2TeO_3	$2.7\times10^{-3}(K_1)$	2.57
			$1.8\times10^{-8}(K_2)$	7.74

附录9　难溶化合物的溶度积常数

序号 (No.)	分子式 (Molecular formula)	K_{sp}	pK_{sp} ($-\lg K_{sp}$)	序号 (No.)	分子式 (Molecular formula)	K_{sp}	pK_{sp} ($-\lg K_{sp}$)
1	Ag_3AsO_4	1.0×10^{-22}	22.0	5	$AgCN$	1.2×10^{-16}	15.92
2	$AgBr$	5.0×10^{-13}	12.3	6	Ag_2CO_3	8.1×10^{-12}	11.09
3	$AgBrO_3$	5.50×10^{-5}	4.26	7	$Ag_2C_2O_4$	3.5×10^{-11}	10.46
4	$AgCl$	1.8×10^{-10}	9.75	8	$Ag_2Cr_2O_4$	1.2×10^{-12}	11.92

序号 (No.)	分子式 (Molecular formula)	K_{sp}	pK_{sp} ($-\lg K_{sp}$)	序号 (No.)	分子式 (Molecular formula)	K_{sp}	pK_{sp} ($-\lg K_{sp}$)
9	$Ag_2Cr_2O_7$	2.0×10^{-7}	6.70	46	CaF_2	2.7×10^{-11}	10.57
10	AgI	8.3×10^{-17}	16.08	47	$CaMoO_4$	4.17×10^{-8}	7.38
11	$AgIO_3$	3.1×10^{-8}	7.51	48	$Ca(OH)_2$	5.5×10^{-6}	5.26
12	$AgOH$	2.0×10^{-8}	7.71	49	$Ca_3(PO_4)_2$	2.0×10^{-29}	28.70
13	Ag_2MoO_4	2.8×10^{-12}	11.55	50	$CaSO_4$	3.16×10^{-7}	5.04
14	Ag_3PO_4	1.4×10^{-16}	15.84	51	$CaSiO_3$	2.5×10^{-8}	7.60
15	Ag_2S	6.3×10^{-50}	49.2	52	$CaWO_4$	8.7×10^{-9}	8.06
16	$AgSCN$	1.0×10^{-12}	12.00	53	$CdCO_3$	5.2×10^{-12}	11.28
17	Ag_2SO_3	1.5×10^{-14}	13.82	54	$CdC_2O_4\cdot3H_2O$	9.1×10^{-8}	7.04
18	Ag_2SO_4	1.4×10^{-5}	4.84	55	$Cd_3(PO_4)_2$	2.5×10^{-33}	32.6
19	Ag_2Se	2.0×10^{-64}	63.7	56	CdS	8.0×10^{-27}	26.1
20	Ag_2SeO_3	1.0×10^{-15}	15.00	57	$CdSe$	6.31×10^{-36}	35.2
21	Ag_2SeO_4	5.7×10^{-8}	7.25	58	$CdSeO_3$	1.3×10^{-9}	8.89
22	$AgVO_3$	5.0×10^{-7}	6.3	59	CeF_3	8.0×10^{-16}	15.1
23	Ag_2WO_4	5.5×10^{-12}	11.26	60	$CePO_4$	1.0×10^{-23}	23.0
24	$Al(OH)_3$①	4.57×10^{-33}	32.34	61	$Co_3(AsO_4)_2$	7.6×10^{-29}	28.12
25	$AlPO_4$	6.3×10^{-19}	18.24	62	$CoCO_3$	1.4×10^{-13}	12.84
26	Al_2S_3	2.0×10^{-7}	6.7	63	CoC_2O_4	6.3×10^{-8}	7.2
27	$Au(OH)_3$	5.5×10^{-46}	45.26		$Co(OH)_2$(蓝)	6.31×10^{-15}	14.2
28	$AuCl_3$	3.2×10^{-25}	24.5	64	$Co(OH)_2$ (粉红,新沉淀)	1.58×10^{-15}	14.8
29	AuI_3	1.0×10^{-46}	46.0		$Co(OH)_2$ (粉红,陈化)	2.00×10^{-16}	15.7
30	$Ba_3(AsO_4)_2$	8.0×10^{-51}	50.1	65	$CoHPO_4$	2.0×10^{-7}	6.7
31	$BaCO_3$	5.1×10^{-9}	8.29	66	$Co_3(PO_4)_3$	2.0×10^{-35}	34.7
32	BaC_2O_4	1.6×10^{-7}	6.79	67	$CrAsO_4$	7.7×10^{-21}	20.11
33	$BaCrO_4$	1.2×10^{-10}	9.93	68	$Cr(OH)_3$	6.3×10^{-31}	30.2
34	$Ba_3(PO_4)_2$	3.4×10^{-23}	22.44	69	$CrPO_4\cdot4H_2O$(绿)	2.4×10^{-23}	22.62
35	$BaSO_4$	1.1×10^{-10}	9.96		$CrPO_4\cdot4H_2O$(紫)	1.0×10^{-17}	17.0
36	BaS_2O_3	1.6×10^{-5}	4.79	70	$CuBr$	5.3×10^{-9}	8.28
37	$BaSeO_3$	2.7×10^{-7}	6.57	71	$CuCl$	1.2×10^{-6}	5.92
38	$BaSeO_4$	3.5×10^{-8}	7.46	72	$CuCN$	3.2×10^{-20}	19.49
39	$Be(OH)_2$②	1.6×10^{-22}	21.8	73	$CuCO_3$	2.34×10^{-10}	9.63
40	$BiAsO_4$	4.4×10^{-10}	9.36	74	CuI	1.1×10^{-12}	11.96
41	$Bi_2(C_2O_4)_3$	3.98×10^{-36}	35.4	75	$Cu(OH)_2$	4.8×10^{-20}	19.32
42	$Bi(OH)_3$	4.0×10^{-31}	30.4	76	$Cu_3(PO_4)_2$	1.3×10^{-37}	36.9
43	$BiPO_4$	1.26×10^{-23}	22.9	77	Cu_2S	2.5×10^{-48}	47.6
44	$CaCO_3$	2.8×10^{-9}	8.54	78	Cu_2Se	1.58×10^{-61}	60.8
45	$CaC_2O_4\cdot H_2O$	4.0×10^{-9}	8.4				

序号 （No.）	分子式 （Molecular formula）	K_{sp}	pK_{sp} （$-lgK_{sp}$）	序号 （No.）	分子式 （Molecular formula）	K_{sp}	pK_{sp} （$-lgK_{sp}$）
79	CuS	6.3×10^{-36}	35.2	116	$MgCO_3$	3.5×10^{-8}	7.46
80	CuSe	7.94×10^{-49}	48.1	117	$MgCO_3 \cdot 3H_2O$	2.14×10^{-5}	4.67
81	$Dy(OH)_3$	1.4×10^{-22}	21.85	118	$Mg(OH)_2$	1.8×10^{-11}	10.74
82	$Er(OH)_3$	4.1×10^{-24}	23.39	119	$Mg_3(PO_4)_2 \cdot 8H_2O$	6.31×10^{-26}	25.2
83	$Eu(OH)_3$	8.9×10^{-24}	23.05	120	$Mn_3(AsO_4)_2$	1.9×10^{-29}	28.72
84	$FeAsO_4$	5.7×10^{-21}	20.24	121	$MnCO_3$	1.8×10^{-11}	10.74
85	$FeCO_3$	3.2×10^{-11}	10.50	122	$Mn(IO_3)_2$	4.37×10^{-7}	6.36
86	$Fe(OH)_2$	8.0×10^{-16}	15.1	123	$Mn(OH)_4$	1.9×10^{-13}	12.72
87	$Fe(OH)_3$	4.0×10^{-38}	37.4	124	MnS(粉红)	2.5×10^{-10}	9.6
88	$FePO_4$	1.3×10^{-22}	21.89	125	MnS(绿)	2.5×10^{-13}	12.6
89	FeS	6.3×10^{-18}	17.2	126	$Ni_3(AsO_4)_2$	3.1×10^{-26}	25.51
90	$Ga(OH)_3$	7.0×10^{-36}	35.15	127	$NiCO_3$	6.6×10^{-9}	8.18
91	$GaPO_4$	1.0×10^{-21}	21.0	128	NiC_2O_4	4.0×10^{-10}	9.4
92	$Gd(OH)_3$	1.8×10^{-23}	22.74	129	$Ni(OH)_2$(新)	2.0×10^{-15}	14.7
93	$Hf(OH)_4$	4.0×10^{-26}	25.4	130	$Ni_3(PO_4)_2$	5.0×10^{-31}	30.3
94	Hg_2Br_2	5.6×10^{-23}	22.24	131	α-NiS	3.2×10^{-19}	18.5
95	Hg_2Cl_2	1.3×10^{-18}	17.88	132	β-NiS	1.0×10^{-24}	24.0
96	HgC_2O_4	1.0×10^{-7}	7.0	133	γ-NiS	2.0×10^{-26}	25.7
97	Hg_2CO_3	8.9×10^{-17}	16.05	134	$Pb_3(AsO_4)_2$	4.0×10^{-36}	35.39
98	$Hg_2(CN)_2$	5.0×10^{-40}	39.3	135	$PbBr_2$	4.0×10^{-5}	4.41
99	Hg_2CrO_4	2.0×10^{-9}	8.70	136	$PbCl_2$	1.6×10^{-5}	4.79
100	Hg_2I_2	4.5×10^{-29}	28.35	137	$PbCO_3$	7.4×10^{-14}	13.13
101	HgI_2	2.82×10^{-29}	28.55	138	$PbCrO_4$	2.8×10^{-13}	12.55
102	$Hg_2(IO_3)_2$	2.0×10^{-14}	13.71	139	PbF_2	2.7×10^{-8}	7.57
103	$Hg_2(OH)_2$	2.0×10^{-24}	23.7	140	$PbMoO_4$	1.0×10^{-13}	13.0
104	HgSe	1.0×10^{-59}	59.0	141	$Pb(OH)_2$	1.2×10^{-15}	14.93
105	HgS(红)	4.0×10^{-53}	52.4	142	$Pb(OH)_4$	3.2×10^{-66}	65.49
106	HgS(黑)	1.6×10^{-52}	51.8	143	$Pb_3(PO_4)_3$	8.0×10^{-43}	42.10
107	Hg_2WO_4	1.1×10^{-17}	16.96	144	PbS	1.0×10^{-28}	28.00
108	$Ho(OH)_3$	5.0×10^{-23}	22.30	145	$PbSO_4$	1.6×10^{-8}	7.79
109	$In(OH)_3$	1.3×10^{-37}	36.9	146	PbSe	7.94×10^{-43}	42.1
110	$InPO_4$	2.3×10^{-22}	21.63	147	$PbSeO_4$	1.4×10^{-7}	6.84
111	In_2S_3	5.7×10^{-74}	73.24	148	$Pd(OH)_2$	1.0×10^{-31}	31.0
112	$La_2(CO_3)_3$	3.98×10^{-34}	33.4	149	$Pd(OH)_4$	6.3×10^{-71}	70.2
113	$LaPO_4$	3.98×10^{-23}	22.43	150	PdS	2.03×10^{-58}	57.69
114	$Lu(OH)_3$	1.9×10^{-24}	23.72	151	$Pm(OH)_3$	1.0×10^{-21}	21.0
115	$Mg_3(AsO_4)_2$	2.1×10^{-20}	19.68	152	$Pr(OH)_3$	6.8×10^{-22}	21.17

续表

序号 (No.)	分子式 (Molecular formula)	K_{sp}	pK_{sp} $(-\lg K_{sp})$	序号 (No.)	分子式 (Molecular formula)	K_{sp}	pK_{sp} $(-\lg K_{sp})$
153	$Pt(OH)_2$	1.0×10^{-35}	35.0	176	$Te(OH)_4$	3.0×10^{-54}	53.52
154	$Pu(OH)_3$	2.0×10^{-20}	19.7	177	$Th(C_2O_4)_2$	1.0×10^{-22}	22.0
155	$Pu(OH)_4$	1.0×10^{-55}	55.0	178	$Th(IO_3)_4$	2.5×10^{-15}	14.6
156	$RaSO_4$	4.2×10^{-11}	10.37	179	$Th(OH)_4$	4.0×10^{-45}	44.4
157	$Rh(OH)_3$	1.0×10^{-23}	23.0	180	$Ti(OH)_3$	1.0×10^{-40}	40.0
158	$Ru(OH)_3$	1.0×10^{-36}	36.0	181	$TlBr$	3.4×10^{-6}	5.47
159	Sb_2S_3	1.5×10^{-93}	92.8	182	$TlCl$	1.7×10^{-4}	3.76
160	ScF_3	4.2×10^{-18}	17.37	183	Tl_2CrO_4	9.77×10^{-13}	12.01
161	$Sc(OH)_3$	8.0×10^{-31}	30.1	184	TlI	6.5×10^{-8}	7.19
162	$Sm(OH)_3$	8.2×10^{-23}	22.08	185	TlN_3	2.2×10^{-4}	3.66
163	$Sn(OH)_2$	1.4×10^{-28}	27.85	186	Tl_2S	5.0×10^{-21}	20.3
164	$Sn(OH)_4$	1.0×10^{-56}	56.0	187	$TlSeO_3$	2.0×10^{-39}	38.7
165	SnO_2	3.98×10^{-65}	64.4	188	$UO_2(OH)_2$	1.1×10^{-22}	21.95
166	SnS	1.0×10^{-25}	25.0	189	$VO(OH)_2$	5.9×10^{-23}	22.13
167	$SnSe$	3.98×10^{-39}	38.4	190	$Y(OH)_3$	8.0×10^{-23}	22.1
168	$Sr_3(AsO_4)_2$	8.1×10^{-19}	18.09	191	$Yb(OH)_3$	3.0×10^{-24}	23.52
169	$SrCO_3$	1.1×10^{-10}	9.96	192	$Zn_3(AsO_4)_2$	1.3×10^{-28}	27.89
170	$SrC_2O_4\cdot H_2O$	1.6×10^{-7}	6.80	193	$ZnCO_3$	1.4×10^{-11}	10.84
171	SrF_2	2.5×10^{-9}	8.61	194	$Zn(OH)_2$③	2.09×10^{-16}	15.68
172	$Sr_3(PO_4)_2$	4.0×10^{-28}	27.39	195	$Zn_3(PO_4)_2$	9.0×10^{-33}	32.04
173	$SrSO_4$	3.2×10^{-7}	6.49	196	$\alpha-ZnS$	1.6×10^{-24}	23.8
174	$SrWO_4$	1.7×10^{-10}	9.77	197	$\beta-ZnS$	2.5×10^{-22}	21.6
175	$Tb(OH)_3$	2.0×10^{-22}	21.7	198	$ZrO(OH)_2$	6.3×10^{-49}	48.2

①～③：形态均为无定形。

附录 10　标准电极电势

　　下表中所列的标准电极电势（25.0℃，101.325kPa）是相对于标准氢电极电势的值。标准氢电极电势被规定为零伏特（0.0V）。

序号(No.)	电极过程(Electrode process)	$E^{\ominus}/V$
1	$Ag^+ + e^- \rightleftharpoons Ag$	0.7996
2	$Ag^{2+} + e^- \rightleftharpoons Ag^+$	1.980
3	$AgBr + e^- \rightleftharpoons Ag + Br^-$	0.0713
4	$AgBrO_3 + e^- \rightleftharpoons Ag + BrO_3^-$	0.546
5	$AgCl + e^- \rightleftharpoons Ag + Cl^-$	0.222
6	$AgCN + e^- \rightleftharpoons Ag + CN^-$	-0.017

续表

序号（No.）	电极过程（Electrode process）	$E^{\ominus}/V$
7	$Ag_2CO_3+2e^-\Longleftrightarrow 2Ag+CO_3^{2-}$	0.470
8	$Ag_2C_2O_4+2e^-\Longleftrightarrow 2Ag+C_2O_4^{2-}$	0.465
9	$Ag_2CrO_4+2e^-\Longleftrightarrow 2Ag+CrO_4^{2-}$	0.447
10	$AgF+e^-\Longleftrightarrow Ag+F^-$	0.779
11	$Ag_4[Fe(CN)_6]+4e^-\Longleftrightarrow 4Ag+[Fe(CN)_6]^{4-}$	0.148
12	$AgI+e^-\Longleftrightarrow Ag+I^-$	-0.152
13	$AgIO_3+e^-\Longleftrightarrow Ag+IO_3^-$	0.354
14	$Ag_2MoO_4+2e^-\Longleftrightarrow 2Ag+MoO_4^{2-}$	0.457
15	$[Ag(NH_3)_2]^++e^-\Longleftrightarrow Ag+2NH_3$	0.373
16	$AgNO_2+e^-\Longleftrightarrow Ag+NO_2^-$	0.564
17	$Ag_2O+H_2O+2e^-\Longleftrightarrow 2Ag+2OH^-$	0.342
18	$2AgO+H_2O+2e^-\Longleftrightarrow Ag_2O+2OH^-$	0.607
19	$Ag_2S+2e^-\Longleftrightarrow 2Ag+S^{2-}$	-0.691
20	$Ag_2S+2H^++2e^-\Longleftrightarrow 2Ag+H_2S$	-0.0366
21	$AgSCN+e^-\Longleftrightarrow Ag+SCN^-$	0.0895
22	$Ag_2SeO_4+2e^-\Longleftrightarrow 2Ag+SeO_4^{2-}$	0.363
23	$Ag_2SO_4+2e^-\Longleftrightarrow 2Ag+SO_4^{2-}$	0.654
24	$Ag_2WO_4+2e^-\Longleftrightarrow 2Ag+WO_4^{2-}$	0.466
25	$Al_3+3e^-\Longleftrightarrow Al$	-1.662
26	$AlF_6^{3-}+3e^-\Longleftrightarrow Al+6F^-$	-2.069
27	$Al(OH)_3+3e^-\Longleftrightarrow Al+3OH^-$	-2.31
28	$AlO_2^-+2H_2O+3e^-\Longleftrightarrow Al+4OH^-$	-2.35
29	$Am^{3+}+3e^-\Longleftrightarrow Am$	-2.048
30	$Am^{4+}+e^-\Longleftrightarrow Am^{3+}$	2.60
31	$AmO_2^{2+}+4H^++3e^-\Longleftrightarrow Am^{3+}+2H_2O$	1.75
32	$As+3H^++3e^-\Longleftrightarrow AsH_3$	-0.608
33	$As+3H_2O+3e^-\Longleftrightarrow AsH_3+3OH^-$	-1.37
34	$As_2O_3+6H^++6e^-\Longleftrightarrow 2As+3H_2O$	0.234
35	$HAsO_2+3H^++3e^-\Longleftrightarrow As+2H_2O$	0.248
36	$AsO_2^-+2H_2O+3e^-\Longleftrightarrow As+4OH^-$	-0.68
37	$H_3AsO_4+2H^++2e^-\Longleftrightarrow HAsO_2+2H_2O$	0.560
38	$AsO_4^{3-}+2H_2O+2e^-\Longleftrightarrow AsO_2^-+4OH^-$	-0.71
39	$AsS_2^-+3e^-\Longleftrightarrow As+2S^{2-}$	-0.75
40	$AsS_4^{3-}+2e^-\Longleftrightarrow AsS_2^-+2S^{2-}$	-0.60
41	$Au^++e^-\Longleftrightarrow Au$	1.692
42	$Au^{3+}+3e^-\Longleftrightarrow Au$	1.498
43	$Au^{3+}+2e^-\Longleftrightarrow Au^+$	1.401

续表

序号(No.)	电极过程(Electrode process)	$E^{\ominus}/V$
44	$AuBr_2^- + e^- \Longrightarrow Au + 2Br^-$	0.959
45	$AuBr_4^- + 3e^- \Longrightarrow Au + 4Br^-$	0.854
46	$AuCl_2^- + e^- \Longrightarrow Au + 2Cl^-$	1.15
47	$AuCl_4^- + 3e^- \Longrightarrow Au + 4Cl^-$	1.002
48	$AuI + e^- \Longrightarrow Au + I^-$	0.50
49	$Au(SCN)_4^- + 3e^- \Longrightarrow Au + 4SCN^-$	0.66
50	$Au(OH)_3 + 3H^+ + 3e^- \Longrightarrow Au + 3H_2O$	1.45
51	$BF_4^- + 3e^- \Longrightarrow B + 4F^-$	-1.04
52	$H_2BO_3^- + H_2O + 3e^- \Longrightarrow B + 4OH^-$	-1.79
53	$B(OH)_3 + 7H^+ + 8e^- \Longrightarrow BH_4^- + 3H_2O$	-0.0481
54	$Ba^{2+} + 2e^- \Longrightarrow Ba$	-2.912
55	$Ba(OH)_2 + 2e^- \Longrightarrow Ba + 2OH^-$	-2.99
56	$Be^{2+} + 2e^- \Longrightarrow Be$	-1.847
57	$Be_2O_3^{2-} + 3H_2O + 4e^- \Longrightarrow 2Be + 6OH^-$	-2.63
58	$Bi^+ + e^- \Longrightarrow Bi$	0.5
59	$Bi^{3+} + 3e^- \Longrightarrow Bi$	0.308
60	$BiCl_4^- + 3e^- \Longrightarrow Bi + 4Cl^-$	0.16
61	$BiOCl + 2H^+ + 3e^- \Longrightarrow Bi + Cl^- + H_2O$	0.16
62	$Bi_2O_3 + 3H_2O + 6e^- \Longrightarrow 2Bi + 6OH^-$	-0.46
63	$Bi_2O_4 + 4H^+ + 2e^- \Longrightarrow 2BiO^+ + 2H_2O$	1.593
64	$Bi_2O_4 + H_2O + 2e^- \Longrightarrow Bi_2O_3 + 2OH^-$	0.56
65	$Br_2(水溶液, aq) + 2e^- \Longrightarrow 2Br^-$	1.087
66	$Br_2(液体) + 2e^- \Longrightarrow 2Br^-$	1.066
67	$BrO^- + H_2O + 2e^- \Longrightarrow Br^- + 2OH$	0.761
68	$BrO_3^- + 6H^+ + 6e^- \Longrightarrow Br^- + 3H_2O$	1.423
69	$BrO_3^- + 3H_2O + 6e^- \Longrightarrow Br^- + 6OH^-$	0.61
70	$2BrO_3^- + 12H^+ + 10e^- \Longrightarrow Br_2 + 6H_2O$	1.482
71	$HBrO + H^+ + 2e^- \Longrightarrow Br^- + H_2O$	1.331
72	$2HBrO + 2H^+ + 2e^- \Longrightarrow Br_2(水溶液, aq) + 2H_2O$	1.574
73	$CH_3OH + 2H^+ + 2e^- \Longrightarrow CH_4 + H_2O$	0.59
74	$HCHO + 2H^+ + 2e^- \Longrightarrow CH_3OH$	0.19
75	$CH_3COOH + 2H^+ + 2e^- \Longrightarrow CH_3CHO + H_2O$	-0.12
76	$(CN)_2 + 2H^+ + 2e^- \Longrightarrow 2HCN$	0.373
77	$(CNS)_2 + 2e^- \Longrightarrow 2CNS^-$	0.77
78	$CO_2 + 2H^+ + 2e^- \Longrightarrow CO + H_2O$	-0.12
79	$CO_2 + 2H^+ + 2e^- \Longrightarrow HCOOH$	-0.199
80	$Ca^{2+} + 2e^- \Longrightarrow Ca$	-2.868

序号(No.)	电极过程(Electrode process)	$E^{\ominus}/V$
81	$Ca(OH)_2 + 2e^- \Longrightarrow Ca + 2OH^-$	-3.02
82	$Cd^{2+} + 2e^- \Longrightarrow Cd$	-0.403
83	$Cd^{2+} + 2e^- \Longrightarrow Cd(Hg)$	-0.352
84	$Cd(CN)_4^{2-} + 2e^- \Longrightarrow Cd + 4CN^-$	-1.09
85	$CdO + H_2O + 2e^- \Longrightarrow Cd + 2OH^-$	-0.783
86	$CdS + 2e^- \Longrightarrow Cd + S^{2-}$	-1.17
87	$CdSO_4 + 2e^- \Longrightarrow Cd + SO_4^{2-}$	-0.246
88	$Ce^{3+} + 3e^- \Longrightarrow Ce$	-2.336
89	$Ce^{3+} + 3e^- \Longrightarrow Ce(Hg)$	-1.437
90	$CeO_2 + 4H^+ + e^- \Longrightarrow Ce^{3+} + 2H_2O$	1.4
91	$Cl_2(气体) + 2e^- \Longrightarrow 2Cl^-$	1.358
92	$ClO^- + H_2O + 2e^- \Longrightarrow Cl^- + 2OH^-$	0.89
93	$HClO + H^+ + 2e^- \Longrightarrow Cl^- + H_2O$	1.482
94	$2HClO + 2H^+ + 2e^- \Longrightarrow Cl_2 + 2H_2O$	1.611
95	$ClO_2^- + 2H_2O + 4e^- \Longrightarrow Cl^- + 4OH^-$	0.76
96	$2ClO_3^- + 12H^+ + 10e^- \Longrightarrow Cl_2 + 6H_2O$	1.47
97	$ClO_3^- + 6H^+ + 6e^- \Longrightarrow Cl^- + 3H_2O$	1.451
98	$ClO_3^- + 3H_2O + 6e^- \Longrightarrow Cl^- + 6OH^-$	0.62
99	$ClO_4^- + 8H^+ + 8e^- \Longrightarrow Cl^- + 4H_2O$	1.38
100	$2ClO_4^- + 16H^+ + 14e^- \Longrightarrow Cl_2 + 8H_2O$	1.39
101	$Cm^{3+} + 3e^- \Longrightarrow Cm$	-2.04
102	$Co^{2+} + 2e^- \Longrightarrow Co$	-0.28
103	$[Co(NH_3)_6]^{3+} + e^- \Longrightarrow [Co(NH_3)_6]^{2+}$	0.108
104	$[Co(NH_3)_6]^{2+} + 2e^- \Longrightarrow Co + 6NH_3$	-0.43
105	$Co(OH)_2 + 2e^- \Longrightarrow Co + 2OH^-$	-0.73
106	$Co(OH)_3 + e^- \Longrightarrow Co(OH)_2 + OH^-$	0.17
107	$Cr^{2+} + 2e^- \Longrightarrow Cr$	-0.913
108	$Cr^{3+} + e^- \Longrightarrow Cr^{2+}$	-0.407
109	$Cr^{3+} + 3e^- \Longrightarrow Cr$	-0.744
110	$[Cr(CN)_6]^{3-} + e^- \Longrightarrow [Cr(CN)_6]^{4-}$	-1.28
111	$Cr(OH)_3 + 3e^- \Longrightarrow Cr + 3OH^-$	-1.48
112	$Cr_2O_7^{2-} + 14H^+ + 6e^- \Longrightarrow 2Cr^{3+} + 7H_2O$	1.232
113	$CrO_2^- + 2H_2O + 3e^- \Longrightarrow Cr + 4OH^-$	-1.2
114	$HCrO_4^- + 7H^+ + 3e^- \Longrightarrow Cr^{3+} + 4H_2O$	1.350
115	$CrO_4^{2-} + 4H_2O + 3e^- \Longrightarrow Cr(OH)_3 + 5OH^-$	-0.13
116	$Cs^+ + e^- \Longrightarrow Cs$	-2.92
117	$Cu^+ + e^- \Longrightarrow Cu$	0.521

序号(No.)	电极过程(Electrode process)	$E^{\ominus}/V$
118	$Cu^{2+} + 2e^- \Longrightarrow Cu$	0.342
119	$Cu^{2+} + 2e^- \Longrightarrow Cu(Hg)$	0.345
120	$Cu^{2+} + Br^- + e^- \Longrightarrow CuBr$	0.66
121	$Cu^{2+} + Cl^- + e^- \Longrightarrow CuCl$	0.57
122	$Cu^{2+} + I^- + e^- \Longrightarrow CuI$	0.86
123	$Cu^{2+} + 2CN^- + e^- \Longrightarrow [Cu(CN)_2]^-$	1.103
124	$CuBr_2^- + e^- \Longrightarrow Cu + 2Br^-$	0.05
125	$CuCl_2^- + e^- \Longrightarrow Cu + 2Cl^-$	0.19
126	$CuI_2^- + e^- \Longrightarrow Cu + 2I^-$	0.00
127	$Cu_2O + H_2O + 2e^- \Longrightarrow 2Cu + 2OH^-$	-0.360
128	$Cu(OH)_2 + 2e^- \Longrightarrow Cu + 2OH^-$	-0.222
129	$2Cu(OH)_2 + 2e^- \Longrightarrow Cu_2O + 2OH^- + H_2O$	-0.080
130	$CuS + 2e^- \Longrightarrow Cu + S^{2-}$	-0.70
131	$CuSCN + e^- \Longrightarrow Cu + SCN^-$	-0.27
132	$Dy^{2+} + 2e^- \Longrightarrow Dy$	-2.2
133	$Dy^{3+} + 3e^- \Longrightarrow Dy$	-2.295
134	$Er^{2+} + 2e^- \Longrightarrow Er$	-2.0
135	$Er^{3+} + 3e^- \Longrightarrow Er$	-2.331
136	$Es^{2+} + 2e^- \Longrightarrow Es$	-2.23
137	$Es^{3+} + 3e^- \Longrightarrow Es$	-1.91
138	$Eu^{2+} + 2e^- \Longrightarrow Eu$	-2.812
139	$Eu^{3+} + 3e^- \Longrightarrow Eu$	-1.991
140	$F_2 + 2H^+ + 2e^- \Longrightarrow 2HF$	3.053
141	$F_2O + 2H^+ + 4e^- \Longrightarrow H_2O + 2F^-$	2.153
142	$Fe^{2+} + 2e^- \Longrightarrow Fe$	-0.447
143	$Fe^{3+} + 3e^- \Longrightarrow Fe$	-0.037
144	$[Fe(CN)_6]^{3-} + e^- \Longrightarrow [Fe(CN)_6]^{4-}$	0.358
145	$[Fe(CN)_6]^{4-} + 2e^- \Longrightarrow Fe + 6CN^-$	-1.5
146	$FeF_6^{3-} + e^- \Longrightarrow Fe^{2+} + 6F^-$	0.4
147	$Fe(OH)_2 + 2e^- \Longrightarrow Fe + 2OH^-$	-0.877
148	$Fe(OH)_3 + e^- \Longrightarrow Fe(OH)_2 + OH^-$	-0.56
149	$Fe_3O_4 + 8H^+ + 2e^- \Longrightarrow 3Fe^{2+} + 4H_2O$	1.23
150	$Fm^{3+} + 3e^- \Longrightarrow Fm$	-1.89
151	$Fr^+ + e^- \Longrightarrow Fr$	-2.9
152	$Ga^{3+} + 3e^- \Longrightarrow Ga$	-0.549
153	$H_2GaO_3^- + H_2O + 3e^- \Longrightarrow Ga + 4OH^-$	-1.29
154	$Gd^{3+} + 3e^- \Longrightarrow Gd$	-2.279

序号（No.）	电极过程（Electrode process）	$E^{\ominus}/V$
155	$Ge^{2+}+2e^-\Longrightarrow Ge$	0.24
156	$Ge^{4+}+2e^-\Longrightarrow Ge^{2+}$	0.0
157	$GeO_2+2H^++2e^-\Longrightarrow GeO(棕色)+H_2O$	-0.118
158	$GeO_2+2H^++2e^-\Longrightarrow GeO(黄色)+H_2O$	-0.273
159	$H_2GeO_3+4H^++4e^-\Longrightarrow Ge+3H_2O$	-0.182
160	$2H^++2e^-\Longrightarrow H_2$	0.0000
161	$H_2+2e^-\Longrightarrow 2H^-$	-2.25
162	$2H_2O+2e^-\Longrightarrow H_2+2OH^-$	-0.8277
163	$Hf^{4+}+4e^-\Longrightarrow Hf$	-1.55
164	$Hg^{2+}+2e^-\Longrightarrow Hg$	0.851
165	$Hg_2^{2+}+2e^-\Longrightarrow 2Hg$	0.797
166	$2Hg^{2+}+2e^-\Longrightarrow Hg_2^{2+}$	0.920
167	$Hg_2Br_2+2e^-\Longrightarrow 2Hg+2Br^-$	0.1392
168	$HgBr_4^{2-}+2e^-\Longrightarrow Hg+4Br^-$	0.21
169	$Hg_2Cl_2+2e^-\Longrightarrow 2Hg+2Cl^-$	0.2681
170	$2HgCl_2+2e^-\Longrightarrow Hg_2Cl_2+2Cl^-$	0.63
171	$Hg_2CrO_4+2e^-\Longrightarrow 2Hg+CrO_4^{2-}$	0.54
172	$Hg_2I_2+2e^-\Longrightarrow 2Hg+2I^-$	-0.0405
173	$Hg_2O+H_2O+2e^-\Longrightarrow 2Hg+2OH^-$	0.123
174	$HgO+H_2O+2e^-\Longrightarrow Hg+2OH^-$	0.0977
175	$HgS(红色)+2e^-\Longrightarrow Hg+S^{2-}$	-0.70
176	$HgS(黑色)+2e^-\Longrightarrow Hg+S^{2-}$	-0.67
177	$Hg_2(SCN)_2+2e^-\Longrightarrow 2Hg+2SCN^-$	0.22
178	$Hg_2SO_4+2e^-\Longrightarrow 2Hg+SO_4^{2-}$	0.613
179	$Ho^{2+}+2e^-\Longrightarrow Ho$	-2.1
180	$Ho^{3+}+3e^-\Longrightarrow Ho$	-2.33
181	$I_2+2e^-\Longrightarrow 2I^-$	0.5355
182	$I_3^-+2e^-\Longrightarrow 3I^-$	0.536
183	$2IBr+2e^-\Longrightarrow I_2+2Br^-$	1.02
184	$ICN+2e^-\Longrightarrow I^-+CN^-$	0.30
185	$2HIO+2H^++2e^-\Longrightarrow I_2+2H_2O$	1.439
186	$HIO+H^++2e^-\Longrightarrow I^-+H_2O$	0.987
187	$IO^-+H_2O+2e^-\Longrightarrow I^-+2OH^-$	0.485
188	$2IO_3^-+12H^++10e^-\Longrightarrow I_2+6H_2O$	1.195
189	$IO_3^-+6H^++6e^-\Longrightarrow I^-+3H_2O$	1.085
190	$IO_3^-+2H_2O+4e^-\Longrightarrow IO^-+4OH^-$	0.15
191	$IO_3^-+3H_2O+6e^-\Longrightarrow I^-+6OH^-$	0.26

续表

序号(No.)	电极过程(Electrode process)	$E^{\ominus}/V$
192	$2IO_3^- + 6H_2O + 10e^- \rightleftharpoons I_2 + 12OH^-$	0.21
193	$H_5IO_6 + H^+ + 2e^- \rightleftharpoons IO_3^- + 3H_2O$	1.601
194	$In^+ + e^- \rightleftharpoons In$	-0.14
195	$In^{3+} + 3e^- \rightleftharpoons In$	-0.338
196	$In(OH)_3 + 3e^- \rightleftharpoons In + 3OH^-$	-0.99
197	$Ir^{3+} + 3e^- \rightleftharpoons Ir$	1.156
198	$IrBr_6^{2-} + e^- \rightleftharpoons IrBr_6^{3-}$	0.99
199	$IrCl_6^{2-} + e^- \rightleftharpoons IrCl_6^{3-}$	0.867
200	$K^+ + e^- \rightleftharpoons K$	-2.931
201	$La^{3+} + 3e^- \rightleftharpoons La$	-2.379
202	$La(OH)_3 + 3e^- \rightleftharpoons La + 3OH^-$	-2.90
203	$Li^+ + e^- \rightleftharpoons Li$	-3.040
204	$Lr^{3+} + 3e^- \rightleftharpoons Lr$	-1.96
205	$Lu^{3+} + 3e^- \rightleftharpoons Lu$	-2.28
206	$Md^{2+} + 2e^- \rightleftharpoons Md$	-2.40
207	$Md^{3+} + 3e^- \rightleftharpoons Md$	-1.65
208	$Mg^{2+} + 2e^- \rightleftharpoons Mg$	-2.372
209	$Mg(OH)_2 + 2e^- \rightleftharpoons Mg + 2OH^-$	-2.690
210	$Mn^{2+} + 2e^- \rightleftharpoons Mn$	-1.185
211	$Mn^{3+} + 3e^- \rightleftharpoons Mn$	1.542
212	$MnO_2 + 4H^+ + 2e^- \rightleftharpoons Mn^{2+} + 2H_2O$	1.224
213	$MnO_4^- + 4H^+ + 3e^- \rightleftharpoons MnO_2 + 2H_2O$	1.679
214	$MnO_4^- + 8H^+ + 5e^- \rightleftharpoons Mn^{2+} + 4H_2O$	1.507
215	$MnO_4^- + 2H_2O + 3e^- \rightleftharpoons MnO_2 + 4OH^-$	0.595
216	$Mn(OH)_2 + 2e^- \rightleftharpoons Mn + 2OH^-$	-1.56
217	$Mo^{3+} + 3e^- \rightleftharpoons Mo$	-0.200
218	$MoO_4^{2-} + 4H_2O + 6e^- \rightleftharpoons Mo + 8OH^-$	-1.05
219	$N_2 + 2H_2O + 6H^+ + 6e^- \rightleftharpoons 2NH_4OH$	0.092
220	$2NH_3OH^+ + H^+ + 2e^- \rightleftharpoons N_2H_5^+ + 2H_2O$	1.42
221	$2NO + H_2O + 2e^- \rightleftharpoons N_2O + 2OH^-$	0.76
222	$2HNO_2 + 4H^+ + 4e^- \rightleftharpoons N_2O + 3H_2O$	1.297
223	$NO_3^- + 3H^+ + 2e^- \rightleftharpoons HNO_2 + H_2O$	0.934
224	$NO_3^- + H_2O + 2e^- \rightleftharpoons NO_2^- + 2OH^-$	0.01
225	$2NO_3^- + 2H_2O + 2e^- \rightleftharpoons N_2O_4 + 4OH^-$	-0.85
226	$Na^+ + e^- \rightleftharpoons Na$	-2.713
227	$Nb^{3+} + 3e^- \rightleftharpoons Nb$	-1.099
228	$NbO_2 + 4H^+ + 4e^- \rightleftharpoons Nb + 2H_2O$	-0.690

序号(No.)	电极过程(Electrode process)	$E^{\ominus}/V$
229	$Nb_2O_5+10H^++10e^-\rightleftharpoons 2Nb+5H_2O$	-0.644
230	$Nd^{2+}+2e^-\rightleftharpoons Nd$	-2.1
231	$Nd^{3+}+3e^-\rightleftharpoons Nd$	-2.323
232	$Ni^{2+}+2e^-\rightleftharpoons Ni$	-0.257
233	$NiCO_3+2e^-\rightleftharpoons Ni+CO_3^{2-}$	-0.45
234	$Ni(OH)_2+2e^-\rightleftharpoons Ni+2OH^-$	-0.72
235	$NiO_2+4H^++2e^-\rightleftharpoons Ni^{2+}+2H_2O$	1.678
236	$No^{2+}+2e^-\rightleftharpoons No$	-2.50
237	$No^{3+}+3e^-\rightleftharpoons No$	-1.20
238	$Np^{3+}+3e^-\rightleftharpoons Np$	-1.856
239	$NpO_2+H_2O+H^++e^-\rightleftharpoons Np(OH)_3$	-0.962
240	$O_2+4H^++4e^-\rightleftharpoons 2H_2O$	1.229
241	$O_2+2H_2O+4e^-\rightleftharpoons 4OH^-$	0.401
242	$O_3+H_2O+2e^-\rightleftharpoons O_2+2OH^-$	1.24
243	$Os^{2+}+2e^-\rightleftharpoons Os$	0.85
244	$OsCl_6^{3-}+e^-\rightleftharpoons Os^{2+}+6Cl^-$	0.4
245	$OsO_2+2H_2O+4e^-\rightleftharpoons Os+4OH^-$	-0.15
246	$OsO_4+8H^++8e^-\rightleftharpoons Os+4H_2O$	0.838
247	$OsO_4+4H^++4e^-\rightleftharpoons OsO_2+2H_2O$	1.02
248	$P+3H_2O+3e^-\rightleftharpoons PH_3(g)+3OH^-$	-0.87
249	$H_2PO_2^-+e^-\rightleftharpoons P+2OH^-$	-1.82
250	$H_3PO_3+2H^++2e^-\rightleftharpoons H_3PO_2+H_2O$	-0.499
251	$H_3PO_3+3H^++3e^-\rightleftharpoons P+3H_2O$	-0.454
252	$H_3PO_4+2H^++2e^-\rightleftharpoons H_3PO_3+H_2O^-$	-0.276
253	$PO_4^{3-}+2H_2O+2e^-\rightleftharpoons HPO_3^{2-}+3OH^-$	-1.05
254	$Pa^{3+}+3e^-\rightleftharpoons Pa$	-1.34
255	$Pa^{4+}+4e^-\rightleftharpoons Pa$	-1.49
256	$Pb^{2+}+2e^-\rightleftharpoons Pb$	-0.126
257	$Pb^{2+}+2e^-\rightleftharpoons Pb(Hg)$	-0.121
258	$PbBr_2+2e^-\rightleftharpoons Pb+2Br^-$	-0.284
259	$PbCl_2+2e^-\rightleftharpoons Pb+2Cl^-$	-0.268
260	$PbCO_3+2e^-\rightleftharpoons Pb+CO_3^{2-}$	-0.506
261	$PbF_2+2e^-\rightleftharpoons Pb+2F^-$	-0.344
262	$PbI_2+2e^-\rightleftharpoons Pb+2I^-$	-0.365
263	$PbO+H_2O+2e^-\rightleftharpoons Pb+2OH^-$	-0.580
264	$PbO+4H^++2e^-\rightleftharpoons Pb+H_2O$	0.25
265	$PbO_2+4H^++2e^-\rightleftharpoons Pb^2+2H_2O$	1.455

序号(No.)	电极过程(Electrode process)	$E^{\ominus}/V$
266	$HPbO_2^- + H_2O + 2e^- \Longrightarrow Pb + 3OH^-$	-0.537
267	$PbO_2 + SO_4^{2-} + 4H^+ + 2e^- \Longrightarrow PbSO_4 + 2H_2O$	1.691
268	$PbSO_4 + 2e^- \Longrightarrow Pb + SO_4^{2-}$	-0.359
269	$Pd^{2+} + 2e^- \Longrightarrow Pd$	0.915
270	$PdBr_4^{2-} + 2e^- \Longrightarrow Pd + 4Br^-$	0.6
271	$PdO_2 + H_2O + 2e^- \Longrightarrow PdO + 2OH^-$	0.73
272	$Pd(OH)_2 + 2e^- \Longrightarrow Pd + 2OH^-$	0.07
273	$Pm^{2+} + 2e^- \Longrightarrow Pm$	-2.20
274	$Pm^{3+} + 3e^- \Longrightarrow Pm$	-2.30
275	$Po^{4+} + 4e^- \Longrightarrow Po$	0.76
276	$Pr^{2+} + 2e^- \Longrightarrow Pr$	-2.0
277	$Pr^{3+} + 3e^- \Longrightarrow Pr$	-2.353
278	$Pt^{2+} + 2e^- \Longrightarrow Pt$	1.18
279	$[PtCl_6]^{2-} + 2e^- \Longrightarrow [PtCl_4]^{2-} + 2Cl^-$	0.68
280	$Pt(OH)_2 + 2e^- \Longrightarrow Pt + 2OH^-$	0.14
281	$PtO_2 + 4H^+ + 4e^- \Longrightarrow Pt + 2H_2O$	1.00
282	$PtS + 2e^- \Longrightarrow Pt + S^{2-}$	-0.83
283	$Pu^{3+} + 3e^- \Longrightarrow Pu$	-2.031
284	$Pu^{5+} + e^- \Longrightarrow Pu^{4+}$	1.099
285	$Ra^{2+} + 2e^- \Longrightarrow Ra$	-2.8
286	$Rb^+ + e^- \Longrightarrow Rb$	-2.98
287	$Re^{3+} + 3e^- \Longrightarrow Re$	0.300
288	$ReO_2 + 4H^+ + 4e^- \Longrightarrow Re + 2H_2O$	0.251
289	$ReO_4^- + 4H^+ + 3e^- \Longrightarrow ReO_2 + 2H_2O$	0.510
290	$ReO_4^- + 4H_2O + 7e^- \Longrightarrow Re + 8OH^-$	-0.584
291	$Rh^{2+} + 2e^- \Longrightarrow Rh$	0.600
292	$Rh^{3+} + 3e^- \Longrightarrow Rh$	0.758
293	$Ru^{2+} + 2e^- \Longrightarrow Ru$	0.455
294	$RuO_2 + 4H^+ + 2e^- \Longrightarrow Ru^{2+} + 2H_2O$	1.120
295	$RuO_4 + 6H^+ + 4e^- \Longrightarrow Ru(OH)_2^{2+} + 2H_2O$	1.40
296	$S + 2e^- \Longrightarrow S^{2-}$	-0.476
297	$S + 2H^+ + 2e^- \Longrightarrow H_2S(水溶液, aq)$	0.142
298	$S_2O_6^{2-} + 4H^+ + 2e^- \Longrightarrow 2H_2SO_3$	0.564
299	$2SO_3^{2-} + 3H_2O + 4e^- \Longrightarrow S_2O_3^{2-} + 6OH^-$	-0.571
300	$2SO_3^{2-} + 2H_2O + 2e^- \Longrightarrow S_2O_4^{2-} + 4OH^-$	-1.12
301	$SO_4^{2-} + H_2O + 2e^- \Longrightarrow SO_3^{2-} + 2OH^-$	-0.93
302	$Sb + 3H^+ + 3e^- \Longrightarrow SbH_3$	-0.510

序号（No.）	电极过程（Electrode process）	$E^{\ominus}/V$
303	$Sb_2O_3 + 6H^+ + 6e^- \rightleftharpoons 2Sb + 3H_2O$	0.152
304	$Sb_2O_5 + 6H^+ + 4e^- \rightleftharpoons 2SbO^+ + 3H_2O$	0.581
305	$SbO_3^- + H_2O + 2e^- \rightleftharpoons SbO_2^- + 2OH^-$	−0.59
306	$Sc^{3+} + 3e^- \rightleftharpoons Sc$	−2.077
307	$Sc(OH)_3 + 3e^- \rightleftharpoons Sc + 3OH^-$	−2.6
308	$Se + 2e^- \rightleftharpoons Se^{2-}$	−0.924
309	$Se + 2H^+ + 2e^- \rightleftharpoons H_2Se（水溶液，aq）$	−0.399
310	$H_2SeO_3 + 4H^+ + 4e^- \rightleftharpoons Se + 3H_2O$	−0.74
311	$SeO_3^{2-} + 3H_2O + 4e^- \rightleftharpoons Se + 6OH^-$	−0.366
312	$SeO_4^{2-} + H_2O + 2e^- \rightleftharpoons SeO_3^{2-} + 2OH^-$	0.05
313	$Si + 4H^+ + 4e^- \rightleftharpoons SiH_4（气体）$	0.102
314	$Si + 4H_2O + 4e^- \rightleftharpoons SiH_4 + 4OH^-$	−0.73
315	$SiF_6^{2-} + 4e^- \rightleftharpoons Si + 6F^-$	−1.24
316	$SiO_2 + 4H^+ + 4e^- \rightleftharpoons Si + 2H_2O$	−0.857
317	$SiO_3^{2-} + 3H_2O + 4e^- \rightleftharpoons Si + 6OH^-$	−1.697
318	$Sm^{2+} + 2e^- \rightleftharpoons Sm$	−2.68
319	$Sm^{3+} + 3e^- \rightleftharpoons Sm$	−2.304
320	$Sn^{2+} + 2e^- \rightleftharpoons Sn$	−0.138
321	$Sn^{4+} + 2e^- \rightleftharpoons Sn^{2+}$	0.151
322	$SnCl_4^{2-} + 2e^- \rightleftharpoons Sn + 4Cl^-（1mol/L\ HCl）$	−0.19
323	$SnF_6^{2-} + 4e^- \rightleftharpoons Sn + 6F^-$	−0.25
324	$Sn(OH)_3^- + 3H^+ + 2e^- \rightleftharpoons Sn^{2+} + 3H_2O$	0.142
325	$SnO_2 + 4H^+ + 4e^- \rightleftharpoons Sn + 2H_2O$	−0.117
326	$Sn(OH)_6^{2-} + 2e^- \rightleftharpoons HSnO_2^- + 3OH^- + H_2O$	−0.93
327	$Sr^{2+} + 2e^- \rightleftharpoons Sr$	−2.899
328	$Sr^{2+} + 2e^- \rightleftharpoons Sr(Hg)$	−1.793
329	$Sr(OH)_2 + 2e^- \rightleftharpoons Sr + 2OH^-$	−2.88
330	$Ta^{3+} + 3e^- \rightleftharpoons Ta$	−0.6
331	$Tb^{3+} + 3e^- \rightleftharpoons Tb$	−2.28
332	$Tc^{2+} + 2e^- \rightleftharpoons Tc$	0.400
333	$TcO_4^- + 8H^+ + 7e^- \rightleftharpoons Tc + 4H_2O$	0.472
334	$TcO_4^- + 2H_2O + 3e^- \rightleftharpoons TcO_2 + 4OH^-$	−0.311
335	$Te + 2e^- \rightleftharpoons Te^{2-}$	−1.143
336	$Te^{4+} + 4e^- \rightleftharpoons Te$	0.568
337	$Th^{4+} + 4e^- \rightleftharpoons Th$	−1.899
338	$Ti^{2+} + 2e^- \rightleftharpoons Ti$	−1.630
339	$Ti^{3+} + 3e^- \rightleftharpoons Ti$	−1.37
340	$TiO_2 + 4H^+ + 2e^- \rightleftharpoons Ti^{2+} + 2H_2O$	−0.502
341	$TiO^{2+} + 2H^+ + e^- \rightleftharpoons Ti^{3+} + H_2O$	0.1
342	$Tl^+ + e^- \rightleftharpoons Tl$	−0.336
343	$Tl^{3+} + 3e^- \rightleftharpoons Tl$	0.741
344	$Tl^{3+} + Cl^- + 2e^- \rightleftharpoons TlCl$	1.36

序号(No.)	电极过程(Electrode process)	$E^{\ominus}/V$
345	$TlBr+e^- \Longrightarrow Tl+Br^-$	-0.658
346	$TlCl+e^- \Longrightarrow Tl+Cl^-$	-0.557
347	$TlI+e^- \Longrightarrow Tl+I^-$	-0.752
348	$Tl_2O_3+3H_2O+4e^- \Longrightarrow 2Tl^++6OH^-$	0.02
349	$TlOH+e^- \Longrightarrow Tl+OH^-$	-0.34
350	$Tl_2SO_4+2e^- \Longrightarrow 2Tl+SO_4^{2-}$	-0.436
351	$Tm^{2+}+2e^- \Longrightarrow Tm$	-2.4
352	$Tm^{3+}+3e^- \Longrightarrow Tm$	-2.319
353	$U^{3+}+3e^- \Longrightarrow U$	-1.798
354	$UO_2+4H^++4e^- \Longrightarrow U+2H_2O$	-1.40
355	$UO_2^++4H^++e^- \Longrightarrow U^{4+}+2H_2O$	0.612
356	$UO_2^{2+}+4H^++6e^- \Longrightarrow U+2H_2O$	-1.444
357	$V^{2+}+2e^- \Longrightarrow V$	-1.175
358	$VO^{2+}+2H^++e^- \Longrightarrow V^{3+}+H_2O$	0.337
359	$VO_2^++2H^++e^- \Longrightarrow VO^{2+}+H_2O$	0.991
360	$VO_2^++4H^++2e^- \Longrightarrow V^{3+}+2H_2O$	0.668
361	$V_2O_5+10H^++10e^- \Longrightarrow 2V+5H_2O$	-0.242
362	$W^{3+}+3e^- \Longrightarrow W$	0.1
363	$WO_3+6H^++6e^- \Longrightarrow W+3H_2O$	-0.090
364	$W_2O_5+2H^++2e^- \Longrightarrow 2WO_2+H_2O$	-0.031
365	$Y^{3+}+3e^- \Longrightarrow Y$	-2.372
366	$Yb^{2+}+2e^- \Longrightarrow Yb$	-2.76
367	$Yb^{3+}+3e^- \Longrightarrow Yb$	-2.19
368	$Zn^{2+}+2e^- \Longrightarrow Zn$	-0.7618
369	$Zn^{2+}+2e^- \Longrightarrow Zn(Hg)$	-0.7628
370	$Zn(OH)_2+2e^- \Longrightarrow Zn+2OH^-$	-1.249
371	$ZnS+2e^- \Longrightarrow Zn+S^{2-}$	-1.40
372	$ZnSO_4+2e^- \Longrightarrow Zn(Hg)+SO_4^{2-}$	-0.799

附录 11　思考题参考答案

第 2 部分　无机化学实验部分

实验 1

1. 答：废液没有倒掉，因为在洗涤之前应该把废液倒掉然后再注入一半清水洗涤。

2. 答：开始试管口低于管底是以免水珠倒流炸裂试管。

实验 2

1. 答：① 用 $CuSO_4 \cdot 5H_2O$ 配制 $0.2 mol \cdot L^{-1}$ $CuSO_4$ 溶液 $50 mL$（$M_{CuSO_4 \cdot 5H_2O} = 249.68$）

计算：$m_{CuSO_4 \cdot 5H_2O} = 0.2 \times \dfrac{50}{1000} \times 249.68 g = 2.5 g$

配制过程：研细→称量(用台秤)→溶解→定容 (量筒、量杯、带刻度烧杯均可)→倒入指定容器中。

② 配制 $2 mol \cdot L^{-1}$ $NaOH$ 溶液 $100 mL$

计算：$m_{NaOH} = cVM = 2 \times \dfrac{100}{1000} \times 40 g = 8 g$

配制过程：称量（20mL 小烧杯）→溶解→冷却→定容→回收

③ 用浓 H_2SO_4 配制 $3mol \cdot L^{-1} H_2SO_4$ 溶液 50mL

计算：$c_2 = c_1 \dfrac{V_1}{V_2}$　　$V_{H_2SO_4} = V_2 \dfrac{c_2}{c_1} = 50 \times \dfrac{3}{18.4} mL = 8.3 mL$

配制过程：量取浓 H_2SO_4（用 10mL 量筒）→混合（入适量水中）→冷却→定容→回收

④ 由 $2mol \cdot L^{-1} HAc$ 溶液配制 50mL $0.200mol \cdot L^{-1} HAc$ 溶液

计算：$c_1 V_1 = c_2 V_2$　　$V_1 = V_2 \dfrac{c_2}{c_1} = 50 \times \dfrac{0.200}{2.000} mL = 5.00 mL$

配制过程：吸取浓 HAc 5.0mL（用 5.0mL 吸量管）→注入容量瓶→稀释→摇晃→定容→回收

2. 答：不需要烘干。不需要润洗，因为如果再用被稀释溶液润洗则会使配置溶液的浓度增加，造成误差。

3. 答：先用自来水冲洗，用洗耳球吹出管中残留的水，然后将移液管插入铬酸洗液瓶内，吸入约四分之一容积的洗液，用右手食指堵住移液管上口，将移液管横置过来，左手托住没沾洗液的下端，右手食指松开，平移移液管，使洗液润洗内壁，然后放出洗液于瓶中。

4. 答：不正确，应该用容量瓶进行精确配制。

实验 3

1. 答：不同，因为根据 $\alpha = [H^+]/c \times 100\%$，溶液浓度 c 不同解离度 α 也不同。

2. 答：为了减少因浓度变化引起的实验误差。

3. 答：解离平衡常数是化学平衡的一种形式，不受浓度影响；而解离度则是转化率的一种形式，随浓度变化而改变。

4. 答：不能，醋酸溶液很稀时，水的电离不可忽略。用这个公式计算误差会明显加大。

实验 4

1. 答：滤液中加入 $1.0mol \cdot L^{-1} Na_2CO_3$ 溶液 3mL，加热至沸，用普通漏斗过滤。

2. 答：加入 HCl 溶液是为了调节溶液的 pH 值。

3. 答：Ca^{2+} 的检验：加入 $0.5mol \cdot L^{-1}$（NH_4）$_2C_2O_4$ 溶液 2 滴，观察有无白色的 CaC_2O_4 沉淀生成。Mg^{2+} 的检验：加入 $2.0mol \cdot L^{-1} NaOH$ 溶液 $2 \sim 3$ 滴，使呈碱性，再加入几滴镁试剂（对硝基偶氮间苯二酚）。如有蓝色沉淀生成，表示 Mg^{2+} 存在。

实验 5

1. 答：重结晶是提纯固态物质的重要方法之一。第一次得到的晶体不合乎要求，将所得晶体溶于少量溶剂中，然后进行蒸发、冷却、分离。反复以上操作过程称为重结晶。

基本操作有：溶解、加热、搅拌、抽滤、烘干等。

应注意：①当有结晶析出时不要骤冷，以防结晶过于细小。②抽滤 KNO_3 时应尽量抽干，不要用水洗，以免损失产品。

2. 答：因为硝酸钾的溶解度随温度的减小而降低，加热和热过滤是为了得到更纯的晶体。

实验 6

1. 答：这是因为二氧化碳气体的质量很小，（CO_2＋瓶＋塞子）的质量在台秤上称量会因为精确度低而造成较大的误差，而（水＋瓶＋塞子）的质量相对较人，在台秤上称量，相对误差很小，可忽略不计，在误差容许范围之内。所以（CO_2＋瓶＋塞子）的总质量要在分析天平上称量，而（水＋瓶＋塞子）的质量则可以在台秤上称量，在台秤上称量也不会造成很大的误差。两者的要求不同就是对精确度要求的不同。

2. 答：①$CaCO_3$和盐酸反应生成CO_2：$CaCO_3 + 2HCl = CaCl_2 + H_2O + CO_2\uparrow$

② $CuSO_4$溶液除去反应过程中生成的H_2S：$H_2S + CuSO_4 = H_2SO_4 + CuS\downarrow$

③ $NaHCO_3$溶液除去酸气：$NaHCO_3 + HCl = NaCl + H_2O + CO_2\uparrow$

④ 无水氯化钙：除去水分

实验 7

1. ① 答：因为$Na_2S_2O_3$，KI是具有还原性的物质，$(NH_4)_2S_2O_8$具有强的氧化性，氧化性还原性的物质如果在计时开始时就互相混合，就会发生氧化还原反应，影响了实验结果。

② 答：未计时前反应已进行，所测得的反应时间就不准确，造成计算的反应速率不准确。

③ 答：导致多步反应一起进行。

2. 答：保证溶液中离子强度一致。

3. 答：不一样，与化学计量数有关。

4. 答：在水溶液中$S_2O_8^{2-}$与I^-发生如下反应：

$$S_2O_8^{2-} + 3I^- = 2SO_4^{2-} + I_3^-$$

设反应的速率方程可表示为：

$$v = kc^m(S_2O_8^{2-}) \cdot c^n(I^-)$$

两边取对数：$\lg v = m\lg\Delta c_{S_2O_8^{2-}} + n\lg c_{I^-} + \lg k$

当I^-浓度$c(I^-)$不变时（即实验 Ⅰ、Ⅱ、Ⅲ），以$\lg v$对$\lg c_{S_2O_8^{2-}}$作图，可得一直线，斜率即为m。同理，当$c_{S_2O_8^{2-}}$不变时（即实验 Ⅰ、Ⅳ、Ⅴ），以$\lg v$对$\lg c_{I^-}$作图，可求得n，此反应的级数则为$m+n$。

实验 8

1. 答：水浴加热的温度不要超过80℃，以免反应过猛。

2. 答：计算$(NH_4)_2SO_4$的用量

$$152:132 = 5.43:m_{(NH_4)_2SO_4}$$

$$m_{(NH_4)_2SO_4} = 4.72g \approx 5g$$

按溶解度73g/100g计算，需要用水量

$$73:100 = 5:m_水$$

$$m_水 = 6.8g$$

3. 答：因为二价铁易被氧化为三价铁，过量铁粉可以使溶液中生成的少量三价铁转化为二价铁。

4. 答：因为硫酸亚铁铵中的氨根离子和亚铁离子在水中很容易水解，由于水解平衡的原因，氢离子浓度增大，抑制了两种阳离子的水解，所以，硫酸亚铁铵溶液要保持较强的酸性。

实验 9

1. 答：放热反应；反应放出的热量促使反应完成，不需要加热。

2. 答：pH 小于 7 时会导致产品分解，当溶液 pH 已接近于 7，应停止实验。

实验 10

1. 答：应密封储存，因为 CaO 易吸收 CO_2，转变为 $CaCO_3$。

2. 答：$5CaO_2 + 2MnO_4^- + 16H^+ =\!=\!= 5Ca^{2+} + 2Mn^{2+} + 5O_2 \uparrow + 8H_2O$

实验 11

1. 答：$2H_3PO_4 + 3ZnO =\!=\!= Zn_3(PO_4)_2 \cdot 2H_2O + H_2O$

2. 答：微波辐射对人体会造成损害。市售微波炉在防止微波泄漏上有严格的措施，使用时要遵照有关操作程序与要求进行，以免造成损害。

实验 12

1. 答：维生素 B_{12} 的水溶液在 $(278\pm1)nm$、$(361\pm1)nm$ 与 $(550\pm1)nm$ 三波长处有最大吸收。药典规定以上述三个吸收峰处测得的吸光度比值作为其定性鉴别的依据。

2. 答：原始注射液每毫升所含 $B_{12} = A_{361nm}(测) \times 48.31 \times 稀释倍数$
$$= 0.698 \times 48.31 \times 15\mu g = 505.81\mu g$$

实验 13

1. 答：葡萄糖酸锌是盐，易溶于水，难溶于乙醇。往良溶剂（水）中加入不良溶剂（乙醇），可以降低葡萄糖酸锌在水中的溶解度，使之析出。

2. 答：温度过高葡萄糖酸锌会分解，温度过低反应速率降低，因此需要水浴加热。

实验 14

1. 答：以 20mL，$1mol \cdot L^{-1}$ 硫酸的用量计（$n = 1 \times 20/1000 mol = 0.02mol$）。

2. 答：慢慢分次加入 2.5g 二氧化锰，确保充分反应；趁热过滤，待硫酸铵全部溶解；充分冷却（约 30min）；乙醇溶液洗涤两次（以便干燥）。

第 3 部分　分析化学实验部分

实验 1

1. 答：直接称量法，固定质量称量法，递减称量法。

固定质量称量法：用于称取某一固定质量的试剂，要求被称物在空气中稳定、不吸潮、不吸湿。

减量法：一般用来连续称取几个试样，其量允许在一定范围内波动，可用于称取易吸湿、易氧化或易与二氧化碳反应的试样。

2. 答：称量时一定要用小纸片夹住称量瓶盖柄，将称量瓶在接受容器的上方，倾斜瓶身，用称量瓶盖轻敲瓶口上部使试样慢慢落入容器中，当敲落的试样接近所需时，一边继续用瓶盖轻敲瓶口，一边逐渐将瓶身竖直，使沾附在瓶口上的试样落下，然后盖好瓶盖去称量。

实验 2

1. 答：用托盘天平称量，因为氢氧化钠溶液不稳定，氢氧化钠固体也会吸湿，也会和空气中的二氧化碳反应，因此并不是根据加入氢氧化钠的质量来计算溶液的准确浓度的，而是配制完成后用基准物质对它进行标定。

2. 答：因为滴定管、移液管用清水洗涤过后内壁会有水珠，若不润洗，水珠会稀释溶液，使实验所用的溶液量增多，而后几次实验的浓度与前面不一样，造成误差增大。锥形瓶不用润洗，因为被滴定的试剂是取的定量的，不管怎么稀释，它所含的溶质不变，所以不需要润洗。

3. 答：酸滴碱，终点酸过量，溶液弱酸性，所以要选择变色范围在 3.1～4.4 的甲基橙；碱滴酸，终点碱过量，溶液弱碱性，所以要选择变色范围在 8.2～10 的酚酞。

4. 答：加入半滴的操作是：将酸式滴定管的旋塞稍稍转动或碱式滴定管的乳胶管稍微松动，使半滴溶液悬于管口，将锥形瓶内壁与管口接触，使液滴流出，并用洗瓶以纯水冲下。

实验 3

1. 答：所谓双指示剂法就是分别以酚酞和甲基橙为指示剂，在同一份溶液中用盐酸标准溶液作滴定剂进行连续滴定，根据两个终点所消耗的盐酸标准溶液的体积计算混合碱中各组分的含量。

2. 答：指示剂有理论变色范围，酸碱滴定有突跃范围。酸碱滴定中指示剂的选择原则是应使指示剂的变色范围处于或部分处于滴定突跃范围之内。突跃范围以内变色的指示剂都可以保证其滴定终点误差小于 0.1%。

实验 4

1. 答：铬黑 T 与 Mg^{2+} 能形成稳定的络合物，显色很灵敏，但与 Ca^{2+} 形成的络合物不稳定，显色灵敏度低，为此在 pH=10.0 的溶液中用 EDTA 滴定 Ca^{2+} 时，常于溶液中先加入少量 MgY，使之发生置换反应，置换出 Mg^{2+}，置换出的 Mg^{2+} 与铬黑 T 显出很深的红色：

$$Mg^{2+} + EBT \Longrightarrow Mg\text{-}EBT(红色)$$

但 EDTA 与 Ca^{2+} 的络合能力比 Mg^{2+} 强，滴定时，EDTA 先与 Ca^{2+} 络合，当达到终点时，EDTA 夺取 Mg-EBT 中的 Mg^{2+}，形成 MgY：

$$Y + Mg\text{-}EBT \Longrightarrow MgY + EBT(蓝色)$$

游离出的指示剂显蓝色，变色很明显，在这里，滴定前的 MgY 与最后生成的 MgY 物质的量相等，故不影响滴定结果。

2. 答：因为络合滴定中，EDTA 与金属离子形成稳定络合物的酸度范围不同，如 Ca^{2+}、Mg^{2+} 要在碱性范围内，而 Zn^{2+}、Ni^{2+}、Cu^{2+} 等要在酸性范围内。故要根据不同的酸度范围选择不同的金属离子指示剂，从而在标定 EDTA 时使用相应的指示剂，可以消除基底效应，减小误差。

3. 答：六亚甲基四胺为弱碱，$pK_b=8.87$。结合一个质子后形成质子化六亚甲基四胺：
$$(CH_2)_6N_4 + H^+ \Longrightarrow (CH_2)_6N_4H^+$$

质子化六亚甲基四胺为弱酸，$pK_a=5.15$。弱酸和它的共轭碱组成缓冲溶液，缓冲溶液的 pH 主要决定于 pK_a，当 $c_{酸}=c_{碱}$ 时，$pH=pK_a=5.15$，改变 $c_{酸}$、$c_{碱}$ 的比例，缓冲溶液的 pH 可在 $pK_a \pm 1$ 的范围调节，因此，六亚甲基四胺－盐酸缓冲溶液符合测定 Zn^{2+} 时 pH=5.5 的要求。

4. 答：在络合滴定过程中，随着络合物的生成，不断有 H^+ 释出：
$$M^{2+} + H_2Y^{2-} \Longrightarrow MY^{2-} + 2H^+$$

因此，溶液的酸度不断增大，酸度增大的结果，不仅降低了络合物的条件稳定常数，使滴定突跃减小，而且破坏了指示剂变色的最适宜酸度范围，导致产生很大的误差。因此在络合滴定中，通常需要加入缓冲溶液来控制溶液的 pH 值。

实验 5

1. 答：由于 Al^{3+}、Fe^{3+}、Cu^{2+} 等对指示剂有封闭作用，如用铬黑 T 为指示剂测定此水样，应加掩蔽剂将它们掩蔽：Al^{3+}、Fe^{3+}用三乙醇胺，Cu^{2+}用乙二胺或硫化钠掩蔽。

2. 答：因为滴定 Ca^{2+}、Mg^{2+} 总量时要用铬黑 T 作指示剂，铬黑 T 在 pH 为 8.0～11.0 之间为蓝色，与金属离子形成的配合物为紫红色，终点时溶液为蓝色。所以溶液的 pH 值要控制为 10.0。测定 Ca^{2+} 时，要将溶液的 pH 控制至 12.0～13.0，主要是让 Mg^{2+} 完全生成 $Mg(OH)_2$ 沉淀。以保证准确测定 Ca^{2+} 的含量。在 pH 为 12.0～13.0 间钙指示剂与 Ca^{2+} 形成酒红色配合物，指示剂本身呈纯蓝色，当滴至终点时溶液为纯蓝色。但 pH>13.0 时，指示剂本身为酒红色，而无法确定终点。

3. 答：在溶液中，钙指示剂存在下列平衡

$$H_2In^- \xrightarrow{pK_{n2}=7.4} HIn^{2-} \xrightarrow{pK_{n3}=13.5} In^{3-}$$
$$\text{酒红色} \qquad\qquad \text{蓝色} \qquad\qquad \text{酒红色}$$

由于 MIn^- 为酒红色，要使终点的变色敏锐，从平衡式看 7.4<pH<13.5 就能满足。为了排除 Mg^{2+} 的干扰，因此在 pH=12.0～13.0 的条件下滴定钙，终点呈蓝色。

4. 答：测定钙硬度时，采用沉淀掩蔽法排除 Mg^{2+} 对测定的干扰，由于沉淀会吸附被测离子 Ca^{2+} 和钙指示剂，从而影响测定的准确度和终点的观察（变色不敏锐），因此测定时注意：①在水样中加入 NaOH 溶液后放置或稍加热，待看到 $Mg(OH)_2$ 沉淀后再加指示剂。放置或稍加热使 $Mg(OH)_2$ 沉淀形成，而且颗粒稍大，以减少吸附；②近终点时慢滴多搅，即滴一滴多搅动，待颜色稳定后再滴加。

实验 6

1. 答：因 $KMnO_4$ 试剂中常含有少量 MnO_2 和其他杂质，蒸馏水中常含有微量还原性物质，能慢慢地使 $KMnO_4$ 还原为 $MnO(OH)_2$ 沉淀。另外因 MnO_2 或 $MnO(OH)_2$ 又能进一步促进 $KMnO_4$ 溶液分解。因此，配制 $KMnO_4$ 标准溶液时，要将 $KMnO_4$ 溶液煮沸一定时间并放置数天，让还原性物质完全反应后并用微孔玻璃漏斗过滤，然后保存棕色瓶中。

2. 答：因 Mn^{2+} 和 MnO_2 的存在能使 $KMnO_4$ 分解，光照会加速分解。所以，配制好的 $KMnO_4$ 溶液要盛放在棕色瓶中保存。如果没有棕色瓶，应放在避光处保存。

3. 答：因 $KMnO_4$ 溶液具有氧化性，能使碱式滴定管下端橡皮管氧化，所以滴定时，应要放在酸式滴定管中。

4. 答：若用 HCl 调酸度时，Cl^- 具有还原性，能与 $KMnO_4$ 作用。若用 HNO_3 调酸度时，HNO_3 具有氧化性。所以只能在 H_2SO_4 介质中进行。滴定必须在强酸性溶液中进行，若酸度过低 $KMnO_4$ 与被滴定物作用生成褐色的 $MnO(OH)_2$ 沉淀，反应不能按一定的计量关系进行，使结果偏低；酸度太高，$H_2C_2O_4$ 会发生分解，使结果偏高。

5. 答：棕色沉淀物为 MnO_2 和 $MnO(OH)_2$，可用酸性草酸和盐酸羟胺洗涤。

实验 7

1. 答：工业上常用碘量法测定 H_2O_2，即

$$H_2O_2+2H^++2I^- \longrightarrow 2H_2O+I_2;$$
$$I_2+2S_2O_3^{2-} \longrightarrow S_4O_6^{2-}+2I^-$$

2. 答：H_2O_2 在碱性介质中是比较强的氧化剂，在酸性介质中既是氧化剂，又是还原剂，在溶液中很易除去。对环境无污染，使用时避免接触皮肤。

3. 答：在较强的酸性溶液中，$KMnO_4$ 才能定量氧化 H_2O_2，HAc 不是强酸，不能达到此反应的酸度要求；HCl 具有还原性，可与 $KMnO_4$ 发生反应，使反应不能定量进行；

HNO_3 具有氧化性，会干扰 $KMnO_4$ 与 H_2O_2 的反应。

实验 8

1. 答：碘在水中的溶解度很低。加入过量的 KI，可增加 I_2 在水中的溶解度，反应式如下：$I_2 + I^- \Longrightarrow I_3^-$

2. 答：因 I_2 微溶于水而易溶于 KI 溶液中，在稀的 KI 溶液中溶解也很慢，故配制时先将 I_2 溶解在较浓 KI 的溶液中，最后稀释到所需浓度。保存于棕色瓶中。

3. 答：维生素 C 有强还原性，为防止水中溶解的氧气氧化维生素 C，要将蒸馏水煮沸，以除去水中溶解的氧气；为防止维生素 C 的结构被破坏，要将煮沸的蒸馏水冷却。

4. 答：①读数误差，由于碘标准溶液颜色较深，溶液凹液面难以分辨；但液面最高点较清楚，所以常读液面最高点，读时应调节眼睛的位置，使之与液面最高点前后在同一水平位置上。②反应物容易被空气中的氧氧化；滴定过程中用碘量瓶，而不用锥形瓶，避免剧烈地摇动。

实验 9

答：加入 NaOH 溶液的速度不能过快，否则 NaIO 来不及氧化 $C_6H_{12}O_6$ 而发生歧化反应，生成不与 $C_6H_{12}O_6$ 反应的 $NaIO_3$ 和 NaI，使测定结果偏低。在碱性溶液中生成的 IO_3^- 和 I^- 在酸化时又生成 I_2，而 I_2 易挥发，所以酸化后要立即滴定。

实验 10

1. 答：用 K_2CrO_4 作指示剂，滴定不能在酸性溶液中进行，因指示剂 K_2CrO_4 是弱酸盐，在酸性溶液中 CrO_4^{2-} 依下列反应与 H^+ 结合，使 CrO_4^{2-} 浓度降低过多，在等当点不能形成 Ag_2CrO_4 沉淀。

$$Ag_2CrO_4 + H^+ \Longrightarrow 2Ag^+ + HCrO_4^- \qquad K_{a2} = 3.2 \times 10^{-7}$$
$$2HCrO_4^- \Longrightarrow Cr_2O_7^{2-} + H_2O \qquad K = 98$$

也不能在碱性溶液中进行，因为 Ag^+ 将形成 Ag_2O 沉淀：

$$Ag^+ + OH^- \longrightarrow AgOH$$
$$2AgOH \longrightarrow Ag_2O\downarrow + H_2O$$

因此，用铬酸钾指示剂法，滴定只能在近中性或弱碱性溶液（pH＝6.5～10.5）中进行。如果溶液的酸性较强，可用硼砂、$NaHCO_3$ 或 $CaCO_3$ 中和，或改用硫酸铁铵指示剂法。

滴定不能在氨性溶液中进行，因 AgCl 和 Ag_2CrO_4 皆可生成 $[Ag(NH_3)_2]^+$ 而溶解。

2. 答：K_2CrO_4 浓度过大，会使终点提前，且 CrO_4^{2-} 本身的黄色会影响终点的观察，使测定结果偏低；若太小，会使终点滞后，使测定结果偏高。

3. 答：不能用 NaCl 滴定 $AgNO_3$，因为在 Ag 中加入 K_2CrO_4 后会生成 Ag_2CrO_4 沉淀，滴定终点时 Ag_2CrO_4 转化成 AgCl 的速率极慢，使终点推迟。

实验 11

1. 答：吸收曲线是测定样品在不同波长下的吸光度的大小，由吸光度 ε 和波长 λ 绘制的曲线，而标准曲线是在确定的波长下（一般是最大吸收波长），测定不同浓度的样品的吸光度，由吸光度 ε 和样品浓度 c 绘制的曲线。吸收曲线是用来找出最大吸收波长，标准曲线是用来确定未知样的浓度。

2. 答：参比溶液的作用是扣除背景干扰，不能用蒸馏水做参比，因为蒸馏水与试液组成相差太远，只有参比和试液组成相近，测量的误差才会小。

3. 答：各种试剂的加入顺序不能颠倒，盐酸羟胺是用来将 Fe^{3+} 还原为 Fe^{2+}，邻二氮菲是显色剂，乙酸钠用来调节酸度。

第 4 部分　有机化学实验部分

实验 1

1. 答：会使熔点偏高。   2. 答：会污染样品，使熔点偏低。

3. 答：会使熔点偏低。   4. 答：会使熔点偏低。

5. 答：会使熔点偏高。   6. 答：会使熔点偏高。

实验 2

1. 答：温度计位置。温度计水银球的上缘应与蒸馏头支管的下缘齐平。

2. 答：温度计测定的是分馏出的蒸气的温度，温度计过高，蒸气未能充分与温度计水银球接触，导致测量结果偏低；温度计过低，过热的蒸气与水银球接触，导致测量结果过高，测量结果的偏差直接导致接收的馏分含量变化，无法达到预期的分馏目的。

实验 3

1. 答：利用蒸馏和分馏来分离混合物的原理是一样的，实际上分馏就是多次的蒸馏。分馏是借助于分馏柱使一系列的蒸馏不需多次重复，一次得以完成的蒸馏。蒸馏适用于分离沸点差＞30℃的液体混合物，分馏可用于分离沸点差较小的液体混合物，最精密的分馏设备已能将沸点相差仅 1～2℃ 的混合物分开。

分馏装置比蒸馏装置多一个分馏柱，其他相同。

2. 答：这样是不行的，因为温度计测的是馏分的温度，插低一点的话，测得的温度实际上比所需温度低，得到的馏分偏少且可能不纯。

实验 4

1. 答：插入容器底部的目的是使瓶内液体充分加热和搅拌有利于更有效地进行水蒸气蒸馏。

2. 答：要经常检查安全管中水位。若安全管中水位上升很高时说明有堵塞，立即打开止水夹，移去热源，检查是在哪里发生堵塞。

实验 5

1. 答：用滴管往滴液漏斗中滴一滴水，如果水滴立即散开，说明上层是无机相；如果能够看到水滴从上层往下走的路径，说明上层是有机相。

2. 答：检查分液漏斗是否漏水；静置时将分液漏斗置于铁圈上；打开分液漏斗活塞，再打开旋塞，使下层液体（水）从分液漏斗下端放出，待油水界面与旋塞上口相切即可关闭旋塞；把上层液体（油）从分液漏斗上口倒出；振荡时，活塞的小槽应与漏斗口侧面小孔错位封闭塞紧；分液漏斗洗干净后把塞子拿出来，不要插在分液漏斗里面，尤其是要进烘箱前；长期不用分液漏斗时，应在活塞面加夹一纸条防止粘连。

实验 6

1. 答：温度不同溶质的溶解度相差较大的；与杂质溶解度差距较大的；溶剂沸点不宜太高或太低，如果没有适合的单一溶剂时，可以选用混合溶剂。

2. 答：抽滤装置包括布氏漏斗、抽滤瓶、水泵。抽滤时应注意：滤纸大小要合适；布氏漏斗尖端远离抽滤瓶的支管；整套装置的气密性要好；抽滤瓶里面的液体不能超过支管口；抽滤结束时要先打开安全瓶。

3. 答：应用测熔点的方法检验晶体的纯度。

实验 7

1. 答：圆珠笔油会溶于有机溶剂。

2. 答：斑点直径一般不超过 2mm；若在同一板上点几个样，样点间距离应为1～1.5cm；点样要轻，不可刺破薄层。

3. 答：样品的极性小，它的 R_f 值增大。

实验 8

1. 答：根据物质在吸附剂上的吸附力不同而得到分离。极性较大的物质易被吸附，极性较小的物质不易被吸附。整个色谱分离过程就是吸附、解吸、再吸附、再解吸的过程。

2. 答：辣椒研磨要细；吸附剂不能含水；装柱时，不能使吸附剂有裂缝和气泡；分离过程中，要连续不断地加入洗脱剂，并保持一定高度的液面，在整个操作过程中应注意不使氧化铝表面的溶液流干。

实验 9

1. 答：用 5％ NaOH 除去酸；用饱和 NaCl 洗去 NaOH 并析出水中的乙醚；用饱和 $CaCl_2$ 洗去未反应的醇和 NaCl；用无水 $CaCl_2$ 除去水分。

2. 答：反应温度过高会增加烯烃、醛或羧酸等杂质的生成；反应温度过低，乙醚的产量会降低，对反应不利。

实验 10

1. 答：馏出的液滴澄清时可结束蒸馏。

2. 答：浓硫酸洗去未反应的醇；水可以洗去大部分酸，饱和碳酸氢钠溶液洗去酸。

3. 答：倒置的漏斗不能浸入液面以下太多，否则会引起倒吸。

实验 11

1. 答：生石灰的作用：吸水；除去部分酸性杂质（主要是除去鞣酸）；同时过多的生石灰的存在也能分散有机物，避免结块，有利于咖啡因的升华。

2. 答：除可用乙醇萃取咖啡因外，还可采用氯仿和水作溶剂。

实验 12

1. 答：固体有机物在溶剂中的溶解度与温度有密切关系。一般是温度升高，溶解度增大。若把固体溶解在热的溶剂中达到饱和，冷却时即由于溶解度降低，溶液变成过饱和而析出晶体。利用溶剂对被提纯物质及杂质的溶解度不同，可以使被提纯物质从过饱和溶液中析出。而让杂质全部或大部分仍留在溶液中（若在溶剂中的溶解度极小，则配成饱和溶液后被过滤除去），从而达到提纯目的。

2. 答：水杨酸中含有酚羟基，与三氯化铁显示血红色，第一次是检测水杨酸是否反应完全，第二次是检测乙酰水杨酸中的水杨酸是否除尽。

实验 13

1. 答：因为芦丁有许多酚羟基，显弱酸性，故易溶于碱液，酸化时重新析出。

2. 答：取芦丁 3～4mg，加乙醇 5～6mL 使其溶解制成溶液。取溶液 1～2mL，加 2 滴浓盐酸，再加少许镁粉，颜色变红，说明有芦丁存在。

参 考 文 献

［1］ 曾昭琼. 有机化学实验. 第 3 版. 北京：高等教育出版社，2010.

［2］ 高占先. 有机化学实验. 第 4 版. 北京：高等教育出版社，2004.

［3］ 赵建庄，符史良. 有机化学实验. 第 2 版. 北京：高等教育出版社，2007.

［4］ 武汉大学化学与分子科学学院实验中心编，分析化学实验，北京：中国中医药出版社，2003.

［5］ 马忠革. 分析化学实验，北京：清华大学出版社，2011.

［6］ 范玉华. 无机及分析化学实验，青岛：中国海洋大学出版社，2009.

［7］ 宋毛平，何占航. 基础化实验与技术，北京：化学工业出版社，2011.

［8］ 北京师范大学无机化学教研室，等. 无机化学实验. 第 3 版. 北京：高等教育出版社. 2001.